"El Universo, en preguntas de Pedro"

Jonás Villarrubia Ruiz

Publicado en España 1999
Copyright©2015, by Jonás Villarrubia
Ilustración: Iván Villarrubia Moreno
ISBN 9781793923578
Edita e imprime:
Amazon
www.elnuevolibro.com
editorial.mv@elnuevolibro.com

Este libro no podrá ser reproducido
ni total ni parcialmente, por ningún medio
sin el previo permiso escrito del autor.
Todos los derechos reservados.

Ensayo

Para Luisa y mis amados hijos

La fórmula: E=mc2 es una fórmula matemática inexacta en su fiel resultado. En su realidad científica, sin embargo, es una exposición por la que Einstein demostraba, sin error a equivocarse, la enorme energía de la que la materia es poseedora y como determinante de su teoría sobre la relatividad general.

El tiempo como tal no existe, se le puede interpretar como una dimensión más de progresión variable que depende de la temperatura y densidad de la materia, en la cual transcurren una cadena de sucesos en la que la materia se transforma, y en la que jamás se puede repetir uno de ellos, ya concluido, en pasado o futuro.

La gravedad y el electromagnetismo son una dimensión unificadora de materia y energía, en la que la materia se atrae por la acción de unas "cuerdas" sin masa alguna, de progresivo e infinito alcance, que pierde su influencia dependiendo de la distancia, donde su campo de atracción depende de la distancia y de la densidad de la materia, no del volumen.

El saber es igual a un camino variopinto: cuando empiezas a andarlo eres un rey, ves muy cercano el final de todo conocimiento. Cuando tu conocimiento aumenta, te ves vasallo, y se hace pedregoso, largo y angosto el camino del conocimiento, ves que el final del saber se aleja cuanto más lo andas. Cuando el saber te llena, te ves como un mendigo que reconoce que nunca llegará al final del camino del conocimiento

INTRODUCCIÓN

Pedro es un mozalbete muy inquieto que me abruma con infinidad de preguntas. Es bueno escucharle en silencio y con atención, para comprobar que sus preferencias, su inclinación, es notoria: el universo, los agujeros negros, la energía y materia oscura; el espacio, la posibilidad de los viajes en el tiempo, la innovación tecnológica futura, el cómo y el porqué de la vida y muchas otras cosas que son, dice, triviales, ya que parecen desembocar en los mismos temas ya mencionados, pero que no por ello son menos importantes.

Desgraciadamente mis conocimientos no van más allá de aquellos de los que un hombre o mujer con estudios medios es poseedor. Una persona que asiste a conferencias con interesada atención y que debate los temas que se exponen, escribe y lee artículos libros y revistas de diversas ciencias y tecnologías. Que patenta sus innovadoras ideas cuando las lleva a la práctica. Y como hace todo el mundo curioso, ve documentales sobre ciencia que, absorto con sus contenidos, los analiza y desguaza, quedándose sólo lo que, para su razonamiento, es veraz. Ahora, eso sí, soy uno de los que le quedan tantas inquietudes por conocer que, a las preguntas de mi sobrino sobre algún tema de esos que empujan a una gran diversidad de posibilidades, tras recabar y estudiar toda la información posible sobre lo consultado, le expongo o le añado mis propias teorías y pareceres sin miedo a caer en el ridículo. Pienso que el ridículo solo existe si dices cosas que no piensas y si cuando las piensas no las crees. Son preguntas que uno se hace así mismo al mirar al cielo, o al ver en funcionamiento de mecanismos sofisticados. Preguntas como quizás se las haya hecho todo ser humano en algún momento. No obstante, nunca he deseado pertenecer, ni pudiera, a esos que mencionaba Einstein: "ahora yo también soy un miembro oficial del gremio de putas", pues solo está abierta esa puerta para gente muy especial.

Recuerdo que, entre otras cosas, a mi sobrino le respondí a su primera carta en la que incluía su lista de preguntas, advirtiéndole: "Pedro, no te asustes de mis respuestas a tus consultas, ni las emplees para usarlas como solución en algún examen: suspenderías. Así que nada de tomar mis escritos a pie seguro, pues están construidos con mucha imaginación y pocos cimientos".

Empezaremos por la que más abundante se encuentra en el contenido de sus preguntas: el Universo.

INTRODUCCIÓN AL UNIVERSO

Pedro, ¿cómo explicarte algo tan... tan extraordinario? Algo que se encuentra por emprender a descubrir.

El ser humano, desde su pequeñez ante el cosmos, a lo largo de su historia al Universo lo ha visto como algo ilimitado, y eso a pesar de la escasa visión y perspectiva, en un reciente tiempo de la sociedad humana, en el que la Tierra con su satélite eran el centro de todo, con el sol y miles de luminarias, girando a su alrededor.

Muy grandes habrían de ser esas personas que comenzaron a hacerse preguntas en aquellos difíciles días de escasez de conocimientos, realizadas éstas bajo una triste opresión religiosa. Sí, fueron pocos, pero fueron grandes hombres, con grandes teorías y pocas técnicas a su alcance para demostrarlas. Un tiempo en el que se encontraban bajo el poder de la Iglesia, centrada e impiedosa, en acallar todo aquello que pudiera contradecir a su entonces pobre comprensión de su libro sagrado. Todos los estudios que se hacían públicos eran reprimidos y castigados hasta con una inquisidora muerte. Sin embargo, aunque algo erróneas o incompletas, algunas de ellas marcaron las bases de lo que hoy es la ciencia cosmológica.

Del Universo, al igual que todo lo que desconocemos, su grandeza depende de la concepción del tamaño del que observa y de lo que lo rodea. De ahí que todo sea "relativo". Pero dejemos claro que lo que se muestra como relativo no ha de ser por dogma algo real, sino que es una percepción dependiendo del lugar del observador y de lo observado. Bajo la nuestra: habitantes de un pequeño planeta y con un cielo que nos muestra un firmamento con un horizonte finito. El universo se aprecia inmenso, imposible de ponderar sus fronteras ni de estimar su tamaño. En esos tiempos la realidad impuesta, la percepción era que todo lo que ves lo ha puesto un dios, que toda gira a nuestro alrededor y que detrás de eso no hay nada más que Él, y más cuando se añade que rebatirlo es una herejía castigada con la muerte. Eso rompería cualquier curiosidad de hombres normales que sin más renunciarían. Pero esos estudiosos de la astronomía dijeron que no, y no sólo prosiguieron con sus investigaciones, si no que algunos de ellos dieron la vida por reafirmase en sus entonces atrevidas teorías, y eso, curiosamente sin cuestionárselo como yo lo hago. No soy ateo, pero sí agnóstico sobre la existencia de un creador espiritual, a pesar de que pienso que ciencia y religión no son incompatibles.

Desde niño, al mirar el firmamento, me he hecho una buena cantidad de preguntas, podría decir que no cambiaban mucho de las que tú te haces ahora. Con el tiempo he de reconocer que he ido dándoles respuesta con la lectura de escritos de otros eruditos. También de escritos simples, sin mucho tecnicismo, simples comentarios para ser entendidos por gente como yo, gente normal sin amplios conocimientos.

Pero también he creado algunas teorías propias, o, ¿quién sabe?, quizás realidades ampliando lo que el autor me mostraba es sus textos, y que mi mente no estaba de acuerdo o en sintonía con lo leído. He de reconocer que mi entusiasmo en algunas ocasiones me ha sobrepasado. Como te indicaba poco antes he incorporado desde mi inmadura concepción y escaso conocimiento sobre tan difícil materia, teorías quizás algo fantásticas sobre la física astronómica basadas de mi estudio observación y lectura, al igual que lo haría cualquier hombre de la calle con gran curiosidad por estas materias. Reconozco que cuanto más me sumerjo en su estudio, más lejos veo el llegar a un conocimiento de algo que me lleve a buen puerto y que sacie mi ansia de no pecar de ignorancia e inmadurez científica.

Y es que una cosa es formular algo posible y demostrable con ejemplos práctico, al alcance de poder realizarlo con ensayos, y otra muy diferente querer demostrar teorías sobre las singularidades, agujeros de gusano, puertas para ir al otro lado del Universo, cuerdas y viajes en el tiempo, o la teletransportación biológica, con tan sólo ecuaciones de algo materialmente impracticable actualmente. No he de dejar de referirme, como ejemplo, a un libro de Stephen Hawkins en el que la única fórmula que en él aparece es la famosa ecuación de Einstein ($E=mc^2$). El libro no podría ser otro que la "Breve Historia del Tiempo", un libro divulgativo sobre Cosmología, escrito en 1982, con prólogo de Carl Sagan. De lo que no hay duda es que, a pesar de meterse en un campo algo "fantástico" en ese libro, gracias a ellos la ciencia progresa, pues algunas de esas fantasías resultan ser un punto común para partir hacia nuevas investigaciones. Stephen Hawkins decía, no hace mucho tiempo, que a él le gustaría que le recordaran por su teoría sobre los "agujeros Negros".

Lo que sí abunda, y no me refiero a las buenas películas de una ficción posible, son esos extraordinarios largometrajes, que nos hacen vivir momentos de una vida imposible, con ensoñadores futuros. Trabajos extraordinarios que hacen que nuestros ojos contemplen algo que jamás sería posible en la realidad. No me refiero a la morralla que nos llega a través de la revista basura, radio o televisión sensacionalista, o revistas sobre neurociencia que sobrepasa lo que es fantasía y que raya lo absurdo y la mentira. Son mentiras muy bien desarrolladas que nos llena la mente de falsas posibilidades, siempre, dicen, bajo reglas científicas, pero que en la realidad estas teorías se cimentan sobre arenas movedizas. Tomemos como ejemplo historias de una supuesta realidad sobre posibles viajes en el tiempo o de naves que nos trasladan a velocidad mayor que la luz, o la posibilidad de doblar el universo. Todo esto atravesando agujeros negros, para aparecer en el otro extremo, u otro universo, o mediante cuerdas galácticas o agujeros de gusano. Por ello, Pedro, te responderé y te expondré sobre todo lo que creo que es posible, y negaré lo que, a pesar de que la ciencia pueda avanzarlo como viable, mi mente llegue a la conclusión que ello, lo que sea, no puede ser posible. Puede ser que a menudo, pero sin intención de sentar cátedra, también se abra mi fantasía y te exponga teorías imposibles de corroborar, pero haré referencia a ello con la aclaración de su imposibilidad real. En todo caso éstas serán observando ese cielo sin fin, sus múltiples estrellas y pensando... ¿será así?

EL RENACER DEL UNIVERSO

Haciendo mías las palabras de Albert Einstein: "Si no se peca a veces contra la razón, no se descubre nada". Me atreveré, pecando contra toda razón, a comenzar:

Hasta la fecha aún no se está seguro de algo tan complicado como es la teoría del nacimiento del Universo. Todo lo que se publica sigue siendo teorías y especulaciones basadas en datos sacados de observaciones de la energía que nos envuelve, desplazamiento de la materia que conforman el cosmos y sus cálculos.

Reconozco que yo mismo, como hacemos todos alguna vez en la vida, de alguna manera he querido ser el centro de las cosas. ¿Cuánto no querríamos que lo fuera nuestra Tierra, nuestro Sol y ahora nuestro Universo? No ya tan lejos, antes de Nicolás Coppérnigk, 1473-1543 (que a pesar de que descubrió la rotación de la tierra, con su luna, alrededor del sol, aún puso a este último como el centro del Universo. Teorías que cincuenta años más tarde fueron reputadas por Galileo Galilei, que expresó como buenas tales ideas y que lo aplicó como el principio de la aceleración), y después de tantos filósofos y científicos de lejanas épocas como: Anaximandro, 610 a.C.; Parménides, Pitágoras, Eudoso, resaltado discípulo de Platón; Aristóteles, Heráclides de Ponto, Arquímedes, Ptolomeo, y tantos otros grandes pensadores que para ellos la Tierra era el centro del Universo, y para muchos de ellos cuadrada o plana. Cómo decíamos, Nicolás Copérnico (1.473-1543, astrónomo polaco), aun cuando no fue el primero en pensar de ese modo, dio un serio movimiento a la Tierra alrededor del Sol, y la puso en su sitio como un cuerpo celeste más. Fue "El solitario de la torre de Frombork" (el canónigo de Thorn) quién puso el dedo en la llaga sobre los principios de la gravedad con su comentario: *"...en el espacio, los cuerpos se atraen y que tal atracción no desaparece por grande que sea la distancia que los separe"*... Unos ciento cincuenta años después, Isaac Newton, con tan solo veintitrés años, sentó las leyes de la gravitación universal bajo los principios básicos y consideraciones de Nicolás Copérnico. Tristeza tendrían los aztecas y egipcios de ver olvidados sus descubrimientos, pues ya conocían y estudiaban entonces los movimientos celestes y el espacio con sus constelaciones. Hasta editaron un sofisticado calendario espacial. Ahora, aun cuando ya se levantan voces en contra, todavía creemos que nuestro Universo fue creado único, cerrado, pero todo en él en constante movimiento. Se dice que fuera de sus fronteras está la nada a la que nuestro universo le roba espacio para seguir creciendo en su actual imparable expansión. Al menos, gracias a Galileo con su descubrimiento, en la noche del 7 de enero de 1610, de las lunas de Júpiter, y que inmortaliza en el "Sidereus nuncious"; también con la primera observación en la historia del planeta Neptuno, la ciencia del ser humano del viejo continente comenzó a dudar que nuestro planeta fuera el centro de todo.

    No creo en un solo Universo. Mi mente se abre, quizás erróneamente, a mucho más de lo que puede ser un dogma matemático. Creo en un infinito espacio que acoge multitud de universos en diferentes estados, que no dimensiones, si dimensión se define a universos paralelos. Todas las partículas que se pueden encontrar en él "Alesu", —palabreja que me he inventado para esta ocasión-. y que con ella defino a un macro universo, lugar que contiene multitud de ellos—. Éstos se diferencian poco con los universos que existen en una bola de billar, salvo por su tamaño. Si nos redujéramos al tamaño de un electrón, podríamos ver la enorme distancia que hay entre sus átomos y la multitud de partículas que los componen. El hombre ya las consigue separar en laboratorios con enormes aceleradores preparados para colisionarlas. Son ensayos que se realizan y que se realizarán en mayor medida en el futuro en la Tierra y es muy posible fuera de ella. De estos saldrán un elevado conocimiento sobre las partículas más diminutas, aquellas que se formaron en el primer microsegundo tras el origen del universo, sea cual fuere la forma en que se originara.

El público no ha de temer jamás que en estas pruebas puedan, en algún momento, crear un elemento súper masivo, como puede ser un micro agujero negro, que por su densidad y atracción se "tragara" la Tierra. En su caso ello no es más que elucubraciones de algún "sabio" subido a tal por recomendación. Otra cosa es que por la falta de previsión se pudiera llegar a originar una desintegración de materia o posible antimateria y ante ello crear un grave peligro de alguna radiación, pero que es seguro que hasta ello estaría controlado.

Los agujeros negros nacen tras el colapso de una estrella que ha terminado su actividad termonuclear. Tras convertirse en una gigante roja se expande y devora todos los planetas próximos que le circundaban, a pesar de la masa que pierde por su actividad. Un ejemplo lo pudiera ser nuestro sol que, tras quemar todo su hidrógeno y helio, sobrevivirá por mucho tiempo estelar como una enana blanca. Nuestra estrella está lejos de lo que les ocurre a los astros de gran tamaño que, tras una explosión se convierte en supernova, pasa a ser una estrella de protones, y tiempo posterior a un agujero negro, dentro de una gran nebulosa que él mismo habría creado.

Crear un mini elemento de tal densidad en nuestro planeta es totalmente imposible. Para ello habría que tener en nuestras manos la materia necesaria con la enorme densidad que requiere tal elemento. Más nos vale que nada que lo posea se acerque a nuestro sistema solar.

Figura (1), a la derecha lo que pudiera ser nuestro sol actual y a la izquierda convertido en una enana blanca.

Dice la comunidad científica que toda agrupación de materia tiene un principio, una base, y que los constituyentes fundamentales son: los quarks (partícula fundamental que interactúa con las cuatro fuerzas), leptones, y los bosones de intercambio, éstas son las partículas elementales, así como partículas aún más pequeñas que en combinación forman las partículas subatómicas (aún no hay evidencia de ellas), los quarks son fermiones de espín ½. En definitiva, que con los leptones y bosones son las partículas que formaron todo lo que conocemos, Protones, neutrones, electrones, neutrinos… átomos etc., Ellos son la madre de cualquier materia o cuerpo celeste. A partir de aquí éstas interactúan entre sí por medio de interacciones electromagnéticas, nuclear fuerte y nuclear débil, formando, tras el fin de las estrellas, todo aquello que podemos ver en nuestro universo: átomo, hidrógeno, helio, oxígeno, molécula, un microbio, un elefante, la Tierra o el mismo Sol y las galaxias.

Todo se formó por un elemento primigenio y singular que implosionó, dicen, como lo hace una bombilla en la que se ha hecho el vacío e implosiona. Él fue causa del nacimiento de todo el Universo actual. Al parecer estará mucho más detallado, cuando se logre explicar, mediante cálculos demostrables, la "Teoría de La Gran Unificación": el sueño de Albert Einstein sobre la Relatividad y la Cuántica, mediante la teoría del todo.

He de referirte, Pedro, que en la actualidad la teoría más extendida sobre el nacimiento del universo, y que fue dada a conocer por la rama científica estudiosa de la cosmología, es el de un universo único y en expansión, ampliándose en el infinito por su constante necesidad de espacio. Éste, y siempre según la ciencia cosmológica, como te indicaba poco antes, habría sido iniciado por un diminuto, densísimo y singular elemento que habría alcanzado su estado crítico en densidad y temperatura, y ante tal circunstancia su inestable materia se colapsó hasta que explotó desintegrándose. Tras el primer segundo de esa explosión, y ya convertido en partículas se disgregaría por el espacio que le circundaba, abriéndose y creando lo que se dice que es actualmente: un universo con miles de millones de galaxias que cada una rodea a un agujero negro super masivo, con materia y sistemas solares que los orbitan.

No nos olvidemos que formando parte de las galaxias es posible que también se encuentre la energía y la materia oscura, elementos que se desconoce si fueron creados tras el Big Bang o se formaron al cabo de miles de millones de años de dicho evento. Por causa de dicha explosión tras la implosión, se dice, que todo tipo de materia, hasta el más minúsculo fotón, sigue con su "eterna expansión", expansión que podría seguir hasta disgregarse, desaparecer la materia en una nada fría. Otra forma de final pudiera ser el quedarse en un universo estático y frio. A menos que la materia fuera tan abundante que interactuara gravitacionalmente entre sí. Entonces el universo volvería a contraerse en un "Big Crunch" y vuelta a empezar. Lo cierto es que en base de nuestra ignorancia todo pudiera ser. Pero sigo en mi idea, sobrino, que un Universo estático, un universo solo de mecánica cerrada y de movimiento fijo es del todo imposible, siempre hay un caos entre la calma.

Tal como nos lo explican, y si aceptamos un único universo con un único elemento en él, antes de esta inigualable implosión, propongo que no habría ni espacio ni tiempo ni tampoco gravedad fuera de su mismo cuerpo. Me explicaré en resumido sobre esto último y a lo que ya me referí páginas atrás: La gravedad existe en los cuerpos en proporción de su densidad, y ella es debida a la acumulación de sus componentes atómicos. Dos elementos con masa, ambos se atraerán, pero siempre tendrá mayor poder de atracción gravitatoria aquél que tenga condensados mayor cantidad de materia, por ende, mayor densidad, independiente de su volumen. El peso gravitatorio, en masas súper densas como los agujeros negros, hace que, por su atracción del núcleo, mucho más pesado que sus demás capas superiores, la materia de éstas se una al núcleo creando elementos con una densidad tal, que la física conocida nada tendría que ver con ella. En ellos los elementos como el átomo, protones, neutrones y la misma materia, tal y como la conocemos actualmente, pierden su significado. Su memoria su información cuántica se pierde, se destruye, en él o en su alrededor. En definitiva, dentro de su frontera de sucesos no queda nada. En el núcleo de esas densas masas, en el caso de estar solos en su universo, si no tuvieran elementos hermanos ni materia de ningún tipo, no existiría cambios en su espacio-tiempo. No habría ninguna sucesión de eventos en ellos, salvo en su propia unidad. Pues bien, sigamos imaginando que efectivamente tenemos un solo universo y en él un solo elemento en ese universo, supuestamente origen de un colapso, de un Big Crunch, por lo que no habría nada en su alrededor. Esa materia de desconocido tamaño, de desconocida composición, su gravedad estaría actuando sobre todas sus partes que la componen, desde el núcleo hasta la última de sus capas. Pero ahí terminaría su interacción. El tiempo, que no es más que el resultado del periodo de transición de la conversión de la materia y del tránsito de la transformación de su energía, por lo que fuera de él el tiempo no existiría. Una vez terminado su proceso de compresión máxima no habría átomos que desintegrar o interactuar, el tiempo estaría ralentizado o muerto. En definitiva: "si en el Universo no hubiera nada más que una sola singularidad, un solo universo, no habría alteración del espacio ni del tiempo". Pedro, también es mi parecer que esa singularidad, al cabo de millardos, sería un cuerpo en total armonía. Frío, cercano al cero absoluto, tras esos años de quemar toda la energía de la materia y darle una ubicación fija en su estructura. Digamos que habría encontrado la paz. Una entidad como un agujero negro no se parece en nada a la de aquellos cuerpos que por la acumulación de gases llegan a la fusión nuclear, en su caso, en este agujero negro, una sola singularidad universal, sería el cenit de la vida del astro en cuestión. Es importante sobrino que conozcas que la ciencia cosmológica dice, contrario a mi concepción, que esa singularidad estaría en constante compresión hasta que todo en él quedara en algo imposible de ponderar y tras llegar al límite critico de implosión, exploraría originándose el famoso Big Bang.

Los gases, en el proceso del nacimiento de una estrella, por su acumulación y posterior presión por la atracción gravitatoria de su núcleo, pueden llegar a ser el material que conforme un nuevo astro, como lo es nuestro Sol. Dependiendo del volumen de la materia concentrada, será mayor o de menor tamaño, el nuestro es de tamaño medio bajo. De ahí que, según el límite de Chandrasekhar, que indica que para llegar a supernova precisa 1,4 veces la masa de nuestra estrella, no será posible que se convierta en una supernova. Un agujero negro activo con materia que robar en su frontera de sucesos, quema la materia que le va llegando. Tal parece que, por los polos de los agujeros negros, mientras absorbe materia que sobrepasa su horizonte de sucesos, parte de ésta se disipa por sus polos magnéticos.

Opino que jamás un agujero negro, por su densidad, llegará a ser parte de una auto implosión de ningún tipo. Ni se conoce, ni se llegará a conocer tal hecho, de ahí que a pesar de que toda la materia del universo pueda llegar a ser una sola singularidad, si ésta se ha quemado, dudo que fuera, por sí sola, causa del principio de nuestro universo.

Antes comentaba que ante nuestra perspectiva del tamaño el espacio es infinito, no se le conoce fin. Pero ahora hagamos que vuele la imaginación: supongamos otra forma de ver cómo podría haber sido la creación del espacio en el que se encuentra nuestro universo: un espacio abierto, inmenso en el que hay muchos universos como el nuestro. En el principio, en ese supuesto pequeño universo nuestro, unos de los muchos que ocuparían ese

Alesu, se encontraría ocupado por una candente o fría masa, dependiendo del momento de la vida de dicha singularidad, pero de incalculable densidad. Opino que sería estable interiormente, como lo podría ser el fin de la materia en un posible Big Crunch. Su núcleo, por ajuste gravitatorio y conversión de sus componentes a algo inimaginablemente denso, estaría formado por elementos tan pesados que no serían activos para tener la posibilidad de originar reacciones nucleares que dieran lugar a una sucesión de explosiones autónomas. Serían algo muy diferente a lo que conocemos de la física actual. Imaginemos también que éste no fuera un universo solitario, la fuerza débil gravitatoria, estaría en plena actividad, alterando el espacio tiempo y extendiendo sus invisibles brazos gravitatorios hacia el infinito, hacia los otros universos adyacentes en el que el tiempo estaría presente

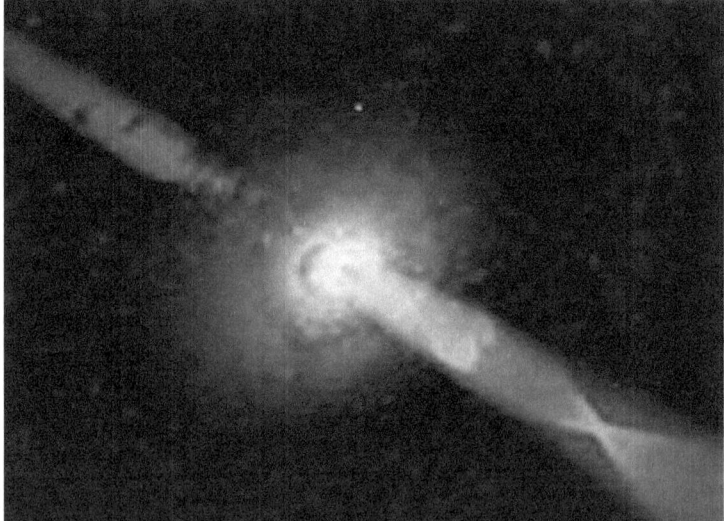

Una muestra de la energía que disipa un agujero negro por los polos mientras incorpora materia que cae en su horizonte de sucesos.

en la correlación de esa atracción.

Estaría efectuándose un evento en el que los cambios por la gravedad exterior estarían consumiendo un tiempo mientras realizan una transformación del espacio. Para tal evento de implosión, explosión en este caso, dada la posible estabilidad de su masa, compuesta de elementos tan pesados que nuestra mente no puede ni imaginar, hubiera necesitado un detonante como hubiera podido ser, por ejemplo, y ante la gran actividad gravitatoria de esa singularidad, el choque a formidable velocidad con otro cuerpo, también colapsado en sí mismo. Quizás fuera de menor tamaño que la singularidad perteneciente a nuestro universo, pero suficiente para que se diera ese extraordinario evento. De esta guisa, la colisión entre grandes densidades de materia infinita quizás podría haber creado la suficiente inestabilidad de la materia, en su composición, para tener lugar el "Bang". Dicha colisión podría explicar la actual estructura del espacio que conocemos. Es lógico que si nos limitamos a lo que hasta ahora es conocido y estudiado: un solo universo, y ante lo que es evidente que ocurre, materia en constante expansión, nuestra limitación, nuestra imposibilidad para ver más allá del Universo que es nuestro hogar, deberíamos admitir que, según ese concepto, a menos que existiera una decisión divina, tal como se expone en el Génesis, habría que admitir la lógica del "Big Bang", consecuencia del colapso de una singularidad. Pero... ¿Cómo si no podría explicarse, en el caso de que la teoría actual predominante de un solo universo fuera real, podría explicarse, si no es que por sí mismo que implosionara? Ahora, ¿qué elemento fue el que completó el circulo para que se cumpliera lo necesario para que se originara el Big Bang? Por qué ¿fue antes o después de completarse la unificación de toda materia? Si todo el Universo hubiera sido contraído tendrían razón los que defienden esta teoría. Pero teniendo en cuenta mi exposición sobre la posible nueva composición de los agujeros negros inactivos, teorizo que sería imposible la auto implosión y posterior explosión de una materia de tal densidad y composición, como lo es la de un agujero negro. Nunca nadie ha podido ni creo que podrá ver un solo elemento, por muchas galaxias que pueda engullir, "implosionarse", absorberse en sí mismo para luego originar una explosión "rebote".

Si todo es como actualmente se teoriza, he de admitir que no hay otra alternativa que la "milagrosa" y divina gran auto explosión, pero que, por mí parte, a pesar de mi ignorante concepción universal, no puedo estar de acuerdo. Nuestro conocimiento sobre la materia no puede, le cuesta mucho comprender, y más admitir, cómo la materia oscura, millones de galaxias, agujeros negros, el mismo polvo galáctico, nebulosas, estrellas con sus planetas, en una repetida expansión del Universo, esperara a implosionar cuando toda la materia formara una sola singularidad. ¿Y si hubiera implosionado antes de unificarse en su totalidad?, ¿que sería, ¿dónde se encontraría esa materia que no llegó a formar parte de ese Bing Bang? Me resisto a creer que ese fenómeno esperara a que "todo" se encontrara en pausa, a que el Universo de entonces no fuera otra cosa que una singularidad de enorme densidad, no más grande que un punto de nuestro bolígrafo.

Si efectivamente nuestro universo hubiera sido causa de un Big Bang. En ese momento, en esa precisa micro fracción de tiempo, efectivamente no podría existir ni tan siquiera, dada su voluminosa temperatura, partículas. Tras ese momento cero se formarían éstas, expandiéndose en lo que antes, y dentro del dominio de las masas explosionadas, era el dominio de la nada. Al igual que si lo miramos desde el prisma terrenal y de los ensayos de laboratorio antes referidos, un átomo podría haber sido desintegrado por la proyección y colisión de un protón, creando una reacción en cadena sobre los elementos que lo componen, por lo que se convertiría en partículas menores a la vez que desarrollaría una gran actividad energética compensando la perdida. Pero en este caso, para explosionar, ha necesitado un objeto exterior.

No hay límite en el espacio. El espacio es ilimitado según nuestra concepción humana del tamaño. En el que de existir el tiempo sería éste como una dimensión más que marcaría un camino único, según los eventos que en él sucedieran. Al igual que se fusionarían galaxia tras galaxia, si la expansión cesara, e irían camino de una gran masa que las atraería dentro de nuestro Universo, creo que hay otros masivos universos que giran en torno a otro gran cuerpo que es el fin o principio de los demás.

Nuestro Universo, y el mismo Alesu, es un gran puzle en formación. Cada vez que en la Tierra originamos una explosión nuclear, creamos por la radiación infinidad de Tu-su –nano universos de átomos y partículas— que al igual que las estrellas y el

Sol con sus planetas, serán unificados cuando éste vaya a su fin, esas partículas que forman los Tu-su, se apagarán, y en el transcurso de miles de años serán absorbidas y formarán parte de su gran "tractor", que en este caso sería el núcleo gravitacional de la Tierra.

La incógnita ahora está en la emergía y materia oscura: ¿Ésta, atrae o repele la materia de nuestro Universo? La composición de la materia oscura, y siempre según investigadores actuales: 1983, se pudiera componer de partículas elementales e hipotéticas, la caliente sería de neutrinos, la templada se supone de gravitinos o los fotinos y la fría de partículas supersimétricas (SUSY). ¿No será, si ésta se demuestra que existe, de antimateria?: no, y así lo creo, pues en ese caso sería una zona muy caliente, antimateria y materia se estarían "evaporando" al fusionarse ambas, produciendo calor. Isaac Newton, con su ley de la gravitación universal, nos dice que la fuerza que ejerce una partícula con masa sobre otra, también con masa, es directamente proporcional al producto de las masas y, e inversamente proporcional al cuadrado de la distancia que las separa, por ejemplo: mi peso es de 73 kilos, por lo que la atracción de la tierra en el ecuador en Newtons sobre mi cuerpo es:

$$6.67428 x F^{-11} = \frac{73 \times 5974 \times 10^{24}}{6378140^2} = 715.88 N$$

$$6.67428 x F^{\wedge}(-11) = (73 \times 5974 \times 〚10〛^{\wedge}24)/〚6378140〛^{\wedge}2 = 715.88 N$$

Contando que la masa de la Tierra es 5,974 × 1024 kg, y la distancia de centro del núcleo de la tierra y mi cuerpo es 6378,140 km, la fuerza de atracción es de 715.88 Newtons, por lo que si lo invertimos y la convertimos en kilos es de 73.

Aunque parezca un galimatías, si según la ley de la gravedad universal dice que la materia siempre tiende a fusionarse una con otra, entonces: ¿Qué es la materia oscura si es que la repele, ¿acaso se anula desapareciendo, originando una expansión, como cuando explota un globo, o es que se masifica al unirse con la materia ordinaria? Si fuera esto último, la expansión, en el tiempo, se convertiría en una nueva contracción. Tan solo se puede aceptar la repulsión si esa energía oscura está formada de una fuerte carga electromagnética que originaría dicha repulsión. Pero si es el caso de que fuera antimateria, y las galaxias estuvieran formadas de materia y energía oscura, éstas al encontrarse se anularían por lo que la desaparición de materia haría que la atracción disminuyera en favor de la dispersión. Si fuera el caso de que la materia oscura se caracterizara como un elemento repulsivo, la ley de gravitación universal, actualizada por la Relatividad General, tendría que cambiarse la masa M2 por –M2, definiendo -M2 a la materia oscura, y siempre donde ésta se encuentre.

En caso de que se ratificara una expansión acelerada y a su vez se confirmaría que el fin del Universo pudiera llegar por el Big Rip o Gran Desgarramiento Universal. En ese caso, si se acepta esto, y retrotrayéndolo al anterior universo, en el que se dice se podría haber originado el Bing Bang, este último nunca podría haber ocurrido.

La energía oscura podría originar la expansión al igual que si en una zona del Universo introdujéramos en exceso energía del mismo signo, esta zona, como si fuera una olla a presión, tendería a expandirse irremediablemente.

En todo caso la gravedad, negativa o positiva, bajo la incógnita de la materia y de la energía oscura, un 80% en mayor cantidad que la materia ordinaria, sigue sien-do de alcance ilimitado, solo debilitada, nunca desaparecida, por la distancia.

EL RUIDOSO UNIVERSO

Ese electro-ruido que llena el Universo. Esa radiación de fondo que se asegura procede de centenas de miles de años tras el Big Bang, debida ésta, dicen, a la explosión de la entonces única singularidad. Una energía electromagnética nacida tras enfriarse algo los residuos atómicos de la implosión de dicha singularidad. Esa tenue radiación que puede verse cuando enciendes una televisión analógica en un canal sin modular, escondido entre los miles de puntos que serpentean en nuestra pantalla de TV. Esa radiación, en mi opinión, dudo que fuera causa única de tan extraordinario evento inicial. Si bien en ese instante el espacio que ocupaba el Universo se limitaba a la singularidad y que se fue expandiendo y ganando espacio tras la explosión, las ondas de la luz, una vez creadas, ocuparon y generaron espacio como cuando un globo se va inflando, a una velocidad de desplazamiento muy superior a la de la materia. Por ello pienso que esa actividad constante de la radiación de fondo, ese ruido Universal, es una actividad que procede de toda fuente de energía, de todo evento provocado por los astros tras su fin, emisión que cambia de frecuencia y amplitud en su trayectoria o desplazamiento, dependiendo de la temperatura y el medio en el que se propaga. Al igual que la gravedad pierde fuerza con la distancia, así mismo ocurre con la energía de cualquier tipo que circunda por el espacio, y también la que causa ese ruido cosmológico en la frecuencia de las microondas. Si se afirmara que ese ruido de radio es causa del fin de esa singularidad, sería como decir que la velocidad de la luz, la de un fotón u onda de energía electromagnética, es menor que la velocidad de desplazamiento de la materia por el cosmos; así como también acreditaría que el evento del Big Bang fue una indiscutible realidad.

La conductividad de los materiales no magnéticos, se deben a la cantidad de electrones libres que se encuentran en esos materiales. El mejor conductor, a veinte grados centígrados es el grafeno, de los metales es la plata. En un hilo de cobre recocido, por el que pasa la corriente continua producida por una corriente de Foucault (la resistencia del conductor es inversamente proporcional a su peso y distancia). El electrón, una vez activado, en un principio, deja hueco a otro, por lo que éste no es ni por asomo el mismo que se desprende en el otro extremo y que completa la diferencia de potencial al retornar al principio, menos la que, al acelerarse, al cerrar el circuito, queda convertida en energía térmica y electromagnética. Los fotones, la radiación de los rayos x, en resumen: toda energía que se irradia por todo el espacio exterior y a pesar de que circule a una temperatura cercana al cero absoluto, tiende a bajar su amplitud, y, en distancias astronómicas, muy acusada su frecuencia.

Una vez que es activada no para hasta llegar a otro elemento que la "consume o la absorbe". Si tuviéramos 600.000 metros de cable de cobre e hiciéramos correr un electrón, si desconectamos la fuente, durante dos segundos continuaría su viaje hasta el final, con la única perdida de energía por la resistencia que tuviera el cable conductor.

La temperatura es algo muy importante en la dispersión de las ondas de radio y de la luz. Las temperaturas bajas en los conductores de electricidad hacen que disminuya la resistencia al paso de cualquier energía electromagnética. Veamos para explicarlo un símil simple: Tenemos un automóvil que bien pudiera ser lo inverso a una partícula, que va a cien kilómetros por hora y en un día muy caluroso circula por un pavimento de brea semiblando y rugoso. De pronto frenamos bruscamente en el pavimento, delante de nuestras ruedas se han formado unas pequeñas ondulaciones que nuestra rueda ha arrastrado y acumulado al frenar, pero por detrás, las ondas del pavimento son insignificantes, muy parecido al efecto Doppler. El pavimento y la gravedad han frenado el avance de las ruedas, y ha formado "ondas". Ahora realizamos lo mismo a la misma velocidad, pero ya cayendo la noche y habiendo refrescado algo. Esta vez las ondas resultantes de la frenada han sido pequeñas y distanciadas, casi imperceptibles y las ruedas han tardado algo más en frenar. Esa noche, es de invierno, después de llover se ha despejado el cielo de nubes que guarden la temperatura, y por causa del frío, el agua sobre el pavimento se ha helado. Repetimos la hazaña de frenar a la misma marcha y velocidad y ante nuestro estupor el coche no se detiene, se desliza fácilmente por el hielo, no hay ondas visibles de retención, es casi un movimiento lineal. Eso mismo ha ocurrido a través de los millones de años desde el comienzo del Universo, la frecuencia desde su creación, su emisión, se ha ido alargando hasta convertirse en unas leves ondas de las similares, pero mucho más débiles, a las de los microondas domésticos, su oscilación casi habría desaparecido si la temperatura de entonces, unos 3.000 ºC se hubiera mantenido. Para casi todo tipo de conductores de energía, ante una baja de grados acusada, disminuye la resistencia al paso de las partículas, a más baja menor resistencia. Esto se debe a que, a menor grados, al igual que ocurre con el aire en termodinámica, sus componentes se encuentran más cercanos unos de otros.

Las partículas se comportan parecidas a las bolas Stokes, o bolas de Newton, cuando una golpea a la más cercana, es la más lejana la que se aleja. Ocurre lo mismo en un cable. Si hacemos que las dos bolas de los laterales colisionen a la vez, ambas se frenan, hemos provocado un cortocircuito; como si en el cable de cobre introducimos una energía de diferente polaridad por cada extremo, el cable se calienta al circular la corriente a gran velocidad. En el espacio la energía electromagnética se comporta como las bolas de Newton en el modelo Venus: están en continuo movimiento mientras dura la inercia, ora cercana a un cuerpo, como que se aleja de él acelerándolo, dependiendo de la gravedad en el espacio en que se mueve, como de la polaridad del cuerpo al que se acerca. Durante estos eventos van perdiendo amplitud y, en menor cantidad, frecuencia.

La emisión de luz y la onda electromagnética en la atmosfera se proyecta por igual en todas las direcciones si el medio en el que se propaga es idóneo, salvo si se le dirige por medio de un "túnel" de concentración de luz o electromagnético (medios direccionales como el láser o si su fuente es un elemento estelar como lo es la eyección de los polos magnéticos de un agujero negro engullendo astros), en este caso la emisión será en mayor medida en la dirección a la que se le obliga. Una partícula que es activada desde una fuente generadora en el espacio, a menos que sea atraída por un campo gravitatorio fuerte o electromagnético, se mantendrá en línea global multidireccional y a una velocidad determinada según sea el medio y la temperatura por el que transita. Sin embargo, en distancias astronómicas, su frecuencia se irá alargando, dependiendo del medio y su temperatura, y pienso que es posible que su velocidad se vea alterada muy sensiblemente. La partícula se inicia por generación debido a la emisión energética de su fuente. Su frecuencia dependerá de la energía del material oscilador con que la que es excitada. Si durante su recorrido colisiona con otra, u otras partículas en un medio denso de ellas, la, o las excitará con menor energía que la que la excitó.

La velocidad de la luz de las partículas, con masa igual a la del fotón, es la mayor conocida que nada pueda alcanzar. Después del Big Bang, unos 380.000 años terrestres después, la energía producida en forma de luz se desplazaría en todas direcciones a mayor velocidad que cualquier materia que se originara posteriormente. En ese preciso momento no habría nada con masa superior a la de un fotón. Por lo que es muy difícil que actualmente la Tierra pueda recibir cualquier tipo de energía que sea de masa igual o menor que el fotón, y que fuera excitado o generado tras el Big Bang. Desde hace miles de millones de años, a pesar de que se redujera al nivel energético que produce las microondas, nos hubiera sobrepasado en su constante y veloz expansión abriendo espacio en el Universo. Esos fotones, en su largo viaje por el cosmos, ya hubieran sido absorbidos por las masas de cualquier tipo convirtiéndose en energía térmica. De todo ello deduzco que posiblemente la partícula que llega a los receptores de microondas no es la misma que la que se produjo en el gran estallido, principio, dicen, del Universo. A menos, cosa improbable que, llegado al límite del entonces universo o interactuara con otros cuerpos, rebotara.

¿Lo anterior expuesto quiere decir que se puede afirmar que no hay energía residual de tan fenómeno suceso? ¿O que Arno Pencias y Robert W. Wilson con su descubrimiento en 1965 no recibieran esa "radiación cósmica de fondo"? ¡No! Claro que recibieron señales con el citado espectro en receptores super fríos. Pero como comento, y como hipótesis, creo que aquellas que activaron sus fríos osciladores están muy lejos de ser las que se emitieron por la energía liberada en el supuesto "Big Bang". Las voces de Cristo sobre el Calvario también estuvieron resonando en las ínfimas moléculas del espacio sónico terrestre, pero no dudes, sobrino, que fueron absorbidas por el entorno donde se pronunciaron y que ya son incapaces de ser detectadas por ningún elemento receptor por mucho que se le enfríe su sensor. Si desde el comienzo del todo los cuerpos con masa, como lo es la Tierra, se han desplazado miles de millones de años luz unos de otros, qué no se habrá alejado esa energía, esas partículas, entonces prácticamente sin masa alguna, al mismo tiempo que los cuerpos celestes. Sin embargo, nuestro universo está lleno de constantes y puntuales eventos "explosivos". Éstos son emisores de partículas a miles de millones de años luz de la Tierra y que las emiten en todas las frecuencias y desde todo el universo. Dada la distancia a recorrer se han ido alargando y debilitando, por lo que "esa frecuencia residual" bien esté dentro de la que ambos científicos recibieron. Pronto la ciencia comprobará que no se recibe igual en todas las direcciones a la que se dirijan los receptores. Si bien llegan de todos los confines del Universo, habrá zonas de éste que en los instrumentos receptores marcarán una medida diferente de frecuencia, según sea el lugar a donde se dirijan las antenas receptoras.

EL TIEMPO: SU PASADO, PRESENTE Y FUTURO

El tiempo, ¿es sólo un concepto? ¿Existe como una dimensión? ¿O es tan sólo un término que el hombre ha necesitado diseñar para poder definir un patrón que aclare las diferentes etapas por las que discurre cualquier evento?

Pedro, sobrino, el tiempo ha sido efectivamente un patrón necesario. Éste ha sido utilizado por el hombre desde el principio de su existencia para medir el discurrir de los eventos naturales de la Tierra y el espacio. Tal y como lo es la traslación de nuestro planeta alrededor del sol. El tiempo se ha empleado para medir las estaciones, el año solar, la translación lunar o el discurrir de las constelaciones sobre la bóveda celeste, además de cualquier circunstancia sobre cualquier evento, hecho o por hacer, que conllevara una espera. Se ha empleado para medirlo hasta el mismo discurrir de la vida en los seres vivos. Pero todo, por simple que sea aquello que se necesite medir con el tiempo, tendrá un principio y un final. Nunca algo se repite en el mismo tiempo que ya pasó, ni tampoco un evento en ejecución del presente puede trasladarse a un futuro en el que aún no tuvo lugar ningún hecho de un presente o pasado.

En el concepto de universalidad, podremos decir sin ningún lugar a dudas que el tiempo no existe, no es algo que tenga masa, tamaño o alguna propiedad física. Pero que, sin embargo, sí se le debe de interpretar como una dimensión numérica más, sin la cual no hay posibilidad de medir la existencia activa de ningún otro elemento universal. Y si lo aplicamos en el transcurrir de la vida cotidiana el tiempo está siempre presente, es una consecuencia inevitable para medir cualquier hecho o evento futuro por grande o pequeño que sea.

El tiempo, si aceptamos su existencia, es como "algo" que llenará lo que hay entre el ahora y el después de cualquier acción, suceso o evento en el que esté como protagonista la materia o energía, no importando el volumen ni la densidad o masa donde se lleve el acto, o de la cantidad de elementos que componen la acción. Ese espacio entre las secuencias, ese intervalo entre las tres estaciones para cualquier hecho: pasado, presente y futuro, le llamamos tiempo. Por ello podemos afirmar que el espacio y el tiempo son dos elementos inseparables, a pesar de que el último no exista y el segundo pueda ser relativa su evolución según la velocidad y la fuerza de la gravedad donde que se desarrolle ese evento. Las acciones pueden llevar más tiempo en ejecutarse en un espacio, cuanto más grande sea la gravedad en el que transcurre esa acción, por ser dentro o cercano a una masa de gran densidad. Un hombre en Júpiter, si fuera posible que se posara en ese planeta, su movimiento sería muy lento, casi imposible de realizar alguno, es más sentiría un aplastamiento de todo su ser, sus órganos dejarían de funcionar ante una gravedad decenas de veces mayor que la de la Tierra.

Podemos alterar el espacio y el tiempo de forma unilateral disminuyendo o ampliando la velocidad de acción entre cualquier evento. A cualquier elemento del Universo que contenga masa, hasta a la misma luz, se le podría llegar a alterar su velocidad acelerándola o frenándola por medio de la gravedad o por electromagnetismo. Un fotón entre dos astros cercanos que lo atrajeran se vería frenado, alterada su velocidad y dirección. Al alterar su velocidad elemental estamos alterando el tiempo en el que discurre su acción de moverse de un lugar a otro, y, de alguna manera, en el caso de velocidades extremas en masas superiores al del fotón, su estructura molecular. Por lo que en definitiva para conseguir un patrón del que nos podamos valer para medir un tiempo fielmente, se debe tener en cuenta la velocidad, densidad del objeto en movimiento, densidad del medio en el que se mueve y la gravedad o masas circundantes durante su trayectoria.

Si lanzáramos desde una ventana de un tercer piso una bola dejándola caer, como es lógico estableceríamos una secuencia de actos elementales: primero, cogeríamos la canica, segundo, nos asomaríamos con ella por la ventana y tercero, tras soltarla observaríamos desde nuestra perspectiva el suelo donde la dejaríamos caer. Mientras transcurren tan insignificantes hechos, infinidad de cosas ocurren en el mismo momento en el Universo. Millones de personas en ese mismo instante, al unísono, podrían haber realizado lo mismo. Pero la persona que realiza esta secuencia, la persona que es protagonista, mientras tanto está en ello, no puede hacer otra cosa igual. En ese acto han existido unas secuencias de pequeños sucesos que han llevado "un tiempo" desde la toma del objeto y su colisión con el suelo. Podremos llevar a cabo los mismos actos en cámara rápida alterando el tiempo: cogemos la canica presurosamente y la lanzamos con gran inercia, sin mirar siquiera, hacia el suelo. Si interpretáramos que es el futuro el momento del impacto de la canica contra el suelo, nuestra canica ha caído más rápida que las demás, hasta podríamos haber realizado dos eventos en el mismo tiempo que consumimos anteriormente. ¿Ella ha llegado a un futuro predeterminado antes que la dejada caer al tiempo? ¡sí!, pero a su propio futuro, porque simplemente las secuencias temporales han sido diferentes: se han eliminado algunas acelerando otras. El resto de la Tierra, entre tanto, ha llevado su normal pauta de secuencias, "no se ha hecho de noche en menos tiempo".

Veamos el ejemplo desde perceptivas universales formándose una estrella. Una estrella con sus posibles sistemas planetarios, en su principio, en el comienzo de la secuencia durante su formación, sólo había una enorme extensión de partículas de gas dispersas y circulando por una zona del espacio a enorme velocidad, como lo hacen todos los cuerpos celestes en su traslación, quizás gases de hidrógeno y helio procedentes de una nova. Las pequeñas y dispersas partículas gaseosas son atraídas entre sí como consecuencia de la gravedad originada por sus propias masas uniéndose unas a otras, y eso a pesar de ser muy pequeña su atracción, dado que hablamos de partículas en las que su masa, la densidad, es de ínfimas dimensiones. Estas agrupaciones atraen y son atraídas por partículas mayores que posteriormente atraen a grupos de partículas que han sido atraídas entre sí, pero que la acumulación o sumas de masas son menores. En esta cadena de secuencias y pasadas millones de ellas se ha formado una agrupación de dimensiones y densidades inimaginables que hacen que llegado un momento se colapsan en su centro, donde las reacciones de sus gases hacen que se origine una rotura de sus núcleos en cadena. Allí, donde hace miles de siglos solo había partículas de gas, ahora ha nacido una estrella. A la vez otras vecinas partículas han obrado con secuencias parecidas formando otros grupos menores de tamaño de menor tamaño que la estrella, como son los planetoides etcétera. De paso que hemos repasado un pequeño adelanto de la formación de las grandes masas desde la más minúscula partícula gaseosa, verás que esto ha necesitado un tiempo, mejor "unas secuencias de actos". Naturalmente en otros lugares del Universo se han llevado las mismas o parecidas secuencias. Por lo que, ante esto, sólo podemos llegar a la conclusión de que el Universo existe, por existir unas secuencias de actos y eventos independientes unos de otros, pero que, en su consecución, sin diferencia, han transcurrido períodos que podemos llamarles de "tiempo".

Llegado a este punto nos debemos de preguntar: ¿existe el presente, el pasado, el futuro? Y si existen, ¿podemos viajar a través de ellos?

La respuesta es obvia:

Existen esos tres períodos en el tiempo de la materia, pero no su posible alteración en un intercambio en el que estando en el presente, pueda trasladarse a un pasado, o poder ver qué ocurre en un futuro, para cambiar éste modificando el presente. Del presente,

Pedro, creo que más bien es un punto de transición entre pasado y futuro. Si existen esos tres conceptos es desde la aceptación de la necesidad de pasar por secuencias en la ejecución de cualquier hecho o evento en el espacio que conlleve los tres períodos. Veamos un pequeño ejemplo en el que entramos en los viajes:

Formamos un grupo del que alguno de los amigos tiene automóvil y con ellos, dado el espléndido día queremos desplazarnos a la rivera de un río no muy lejano, para bañarnos. Si fuéramos andando, pasarían una hora antes de que llegáramos y pudiéramos disfrutar del baño. En cambio, si vamos en automóvil tardaríamos tan sólo quince minutos. Pues bien, poniéndote a ti como ejemplo: Pedro, que eres algo terco y deportista, decides marchar al destino andando, mientras los demás cogemos nuestros automóviles para desplazarnos al lugar. Yo salgo el primero, tengo un automóvil moderno y es el doble de veloz que el de los demás, por lo que yo llego antes al río. Luego llegan los demás montados en sus automóviles más lentos, y mucho más tarde llega el terco de Pedro andando.

Pues bien, en ello, hemos vivido los tres períodos:

Presente: estamos todos en camino hacia el río.

Pasado: en casa, cuando estábamos reunidos todos para salir a la excursión.

Futuro: será bañarnos en el río.

Como he comentado voy con el automóvil más veloz, por lo que llego al lugar donde se encuentra el río los minutos suficientes y anticipados para poder bañarme mientras ellos llegan; entonces:

Mi presente: estoy bañándome.

Pasado: salía e iba en el automóvil.

Futuro: el llegar de los demás. Cuando lleguen los demás quedaría:

Pasado: me he bañado.

Presente: los recibo.

Futuro: nos volvemos a bañar todos. En esos momentos Pedro seguiría:

Pasado: todos en casa.
Presente: en camino, andando hacia el río.
Futuro: descansar o bañarse en el río.

¿Ha cambiado el concepto del tiempo? ¡No! Tan sólo hemos variado nuestras respectivas secuencias y en algunos de los casos las hemos acelerado adelantándonos al futuro de los demás. Por lo que he vivido en un presente el posterior futuro de otros. Todo hecho es relativo dependiendo de los actos para ejecutar un evento y dependiendo de la situación del observador.

Pero las mismas secuencias son irrepetibles en el espacio, por lo que el tiempo global es inmutable. Jamás podremos volver desde el presente a nuestro pasado, jamás podremos ir desde el pasado o presente a nuestro futuro. El tiempo tan sólo depende de la velocidad en que cada sujeto se mueve en sus secuencias o eventos sin modificar en nada la globalidad de las secuencias universales.

Es imposible la paradoja de aquel que trasladándose al pasado se mata a sí mismo matando a su padre antes de ser concebido por su madre.

Viajar al pasado, una vez realizada la secuencia por un sujeto, las demás que realice son nuevas y consecutivas a la primera. Y ya que no podríamos repetir nunca el mismo acto en el mismo "tiempo", jamás podrían variarse secuencias de actos realizados por nosotros mismos, ni los ya realizados por otros en su mismo tiempo. Supongamos que pudiéramos tener una máquina que pudiera hacernos volver al pasado antes de nuestro nacimiento. Una vez en marcha, y en el principio de la regresión, ¡en esa misma secuencia!, la máquina retrocedería al momento y antes de su fabricación por lo que la máquina desaparecería, luego el ocupante tras pasar la fecha de nacimiento. Sí, ambos desaparecerían irremediablemente o serían simples partícipes en un Universo molecular en ese presente, en el instante mismo del inicio del viaje al pasado.

La idea de que una persona pueda variar en un presente la situación de todo el Universo, al viajar a otro tiempo es de una fantasía sin límites, según nos narran en tan fantásticos y novelescos viajes. ¿No han pensado que, para viajar al pasado, todo el Universo tendría que cambiar su estado y situación al momento en que retrocediéramos, mientras nosotros seguiríamos siendo los mismos? ¿Cómo podríamos estar en un pasado donde el Sol estuviera en el mismo lugar donde estaba cuando comenzamos a retroceder?, no, no sería el mismo pasado. Supongamos el caso de que, al viajar y llegar al pasado, la situación de todo nuestro Universo fuera tal y como estaba entonces, en la fecha de ese pasado, caramba, ¡que poder el nuestro!, habríamos cambiado todo un escenario universal.

Por ello, Pedro, mi querido sobrino, sería, y es, imposible estar en un pasado donde ya no existíamos o en un futuro, donde nada ha ocurrido aún. Si queremos volver andar lo andado, pisaremos sobre las pisadas ya marcadas pisando dos veces; si las pisadas primeras las borráramos, quedarían las señas del borrado y nuestros segundos pasos.

Otra cosa es la manera en la que transcurren las secuencias y eventos (tiempo), en el espacio a diferentes velocidades y de cómo se altera o se transforma la materia. La materia oscila de muy diferente manera según su densidad, la velocidad temperatura y el medio gravitatorio en donde se encuentra, además de que pueda expandirse o contraerse. Dos relojes en el espacio a diferentes velocidades marcarían diferentes sus dígitos o minutero dependiendo en qué lugar del Universo se han encontrado, principalmente por dos causalidades: la velocidad en la que se han desplazado por él espacio y la gravedad circundante o el campo electromagnético en el que se mueven; ambos alteran la frecuencia de oscilación de los relojes. ¿Detenemos el tiempo si paramos o ralentizamos con un imán permanente la maquinaria de un reloj de acero dulce? ¿Tal y como podría ocurrir a un reloj de un astronauta que se mueve sin gravedad, o a los efectos de un campo electromagnético fuerte?: no, pero sin embargo hemos cambiado la del contar el tiempo del reloj. Pero, digamos una vez más, el tiempo global no habrá variado en absoluto. Si una nave saliendo de nuestro planeta se desplazara a la velocidad de la luz a otro escenario y lugar en el espacio, el tiempo global del Universo correría para ambos, Tierra y nave, totalmente paralelos. Sin embargo, la materia de la que están compuestos se habría alterado de forma diferente. Por ejemplo: en el supuesto de que la Tierra fuera a pasar dentro de tres años terrestres por un lugar en el espacio en el que tuviera peligro para su integridad, y como en el filme de Agamenón, los hombres quisieran flotar una nave para ver el alcance de tal peligro o eliminar éste, y en el supuesto, imposible también, que pudiera viajar a una velocidad superior a la velocidad de la luz. La nave partiría de la Tierra llegando al lugar en un determinado y corto espacio de tiempo. Los ocupantes podrían ver la luz de la imagen de la nave llegando, dado que la nave había dejado atrás el reflejo de su luz al viajar a mayor velocidad que ésta, pero sin posibilidad de arribar en el lugar. Estos volverían después de su hazaña de destrucción del riesgo, el que fuera, a la Tierra antes o al pasar ésta por el lugar peligroso del espacio y una vez resuelto el terrible problema.

Los relojes de la nave y los de la Tierra mostrarían diferentes medidas del tiempo recorrido y el estado de la edad de los viajeros y los dejados en la Tierra podría no ser la misma, puesto que la oscilación molecular de sus componentes biológicos habría variado ralentizándose, por desplazarse nave y ocupantes a mayor velocidad que la luz, y encontrarse con una menor gravedad circundante. A los que quedaron en la Tierra el tiempo habría pasado según se había programado: tres años desde que salieran hasta encontrarse en el lugar donde chocaría el planeta con lo que los viajeros hubieran eliminado. Sin embargo, para los viajeros el tiempo biológico, y en sus relojes, habrían sido menor, sí, pero sin variación en el tiempo universal, sería el mismo tiempo que el terrestre.

La maquinaria, mecánica o biológica se modifica, el tiempo universal no.

Ningún cuerpo con masa podrá viajar a la velocidad de la luz, no porque la máquina que lo hiciera no consiguiera esa velocidad, en decenas de años podría realizarse algún sistema de motor que lo hiciera, todo es posible, sino porque si no se despide de su masa, la nave y los seres que la ocuparan se destruirían en cuestión de segundos al chocar con las partículas libres en el espacio, sería como si billones de proyectiles chocaran con la nave. Solo sería posible si se convirtieran nave y ocupantes en energía, y se expandieran convirtiéndose, por ejemplo, en fotones, pero si se tiene en cuenta la fórmula de Einstein $E=MC^2$, sus partículas ocuparían un enorme volumen difícilmente calculable en el espacio.

Una cosa es mostrar el tiempo y el espacio en su realidad actual, aplicándole la imaginación, y otra dar fe mediante la ciencia ficción, en la que se hacen realidad mundos fantásticos y dimensionales, o paralelos. Realizar viajes curvando el espacio provocado por la gravedad de los elementos supermasivos, como es un agujero negro, originando un pliegue en los extremos del Universo, donde pasaríamos de un principio de éste al final en unos segundos, atravesando un agujero de gusano. Como fantasía e intentos de abrir puertas al cielo para estar por delante de los demás, está bien para el que las edita, pero no para aplicarlas a ninguna mente de los millones de jóvenes estudiantes como algo irrefutable. Pedro, te ruego sobre todo que no tomes al pie de la letra mis vagos pensamientos, que, como tales, no son otra cosa que ideas baratas de tu siempre curioso amigo y tío. Ten siempre presente en tu resultado los estudios que te imparten en tus clases, y toma como fieles para tus enseñanzas las que te dé el profesor. Otra cosa es que tu pensamiento, el tuyo propio, como es mi caso, pueda estar en contradicción con los de ellos. Pedro, entonces, defiende tus convicciones y que te las expliquen hasta que quedes convencido. No tengas la misma mala suerte, como la de tantos curiosos como yo, que lo poco que mal saben es de mirar al cielo. Pero ya sabes: "Cruzar en segundos del cero al absoluto, del entendimiento a la razón propia, es mejor que seguir el guion de otros sin antes probar un camino alternativo posible".

LA GRAVEDAD

El pensamiento, es tan sutil como leve es la vida humana. Poderoso... ¡como nada en el Universo! Si algo hemos de acercar a la libertad de pensamiento, en su parecido, es a la gravedad. Dícese de ella que es el mismo Dios, pues está en todas partes. JVR

El efecto que produce la gravedad, según la física, es casi instantáneo, dependiendo de la masa y la distancia entre objetos y está presente en cada minúsculo lugar del espacio donde haya materia, en cada minúscula molécula y partícula.

Según la física de Newton, un campo gravitatorio es la fuerza que realiza una partícula determinada cuando se encuentra ante una distribución de masa, por lo que se toma la unidad de masa como referencia para el cálculo: la intensidad de la gravedad es de newtons por kilogramo.

Según la teoría de la relatividad la velocidad de la energía no es infinita (nada supera la velocidad de la luz). Si hubiéramos de definir la gravedad, podría decirse que es una fuerza que forma parte del ser de cualquier cuerpo existente por pequeño o grande que éste sea. La gravedad es la fuerza más importante para que se pueda realizar la mecánica celeste. Alejarse de su importancia es alejarse de lo único que predomina y predominará en el Universo sobre todas las cosas mientras existan dos cuerpos en él. Como ya te dije, Pedro, La gravedad tan sólo dejaría de existir cuando no hubiera más materia que una singularidad en el universo, y aún entonces, estaría presente en el interior y cada partícula que formara parte de su inimaginable densa masa. Pero entonces, en este caso, como ya lo expresé, la gravedad sólo estaría presente hasta los límites de su superficie. En un espacio sin nada, fuera de su cuerpo no habría ondas gravitatorias combinándose con otros cuerpos. En el espacio tiempo sólo se manifiesta la gravedad mientras haya "algo" a lo que atraer o que la atraiga. Sin ese algo invisible y con una sola singularidad, llámese éter (se dice no existir) o como quieran definirlo a lo que a pesar del "vacío" está presente en el espacio, ésta, la gravedad, no existe. Tras la "nada", no habría curvatura del espacio tiempo. La gravedad son ondas, eso es lo que creo. Estamos en la última decena de este siglo, pero algún día, más pronto que tarde, podrá demostrarse la existencia de los "gravitones" (aunque pienso que estarán ausentes de masa alguna o en su caso muy inferior al fotón).

Siempre, como tú, me he preguntado el porqué de estar sujetos al suelo, y, también: ¿por qué nos sentimos pesados? ¿Hay algo invisible que tira de todo, de cada átomo de nuestro cuerpo, siendo éste arrastrado hacia el centro de la Tierra? ¿Y si hiciéramos un pozo y nos introdujéramos en él, pesaríamos menos? Y... ¿por qué cuando suben los astronautas no pesan, no se caen? ¿O.. sí que pesan? ¿Es igual la gravedad que el campo magnético de unos imanes? ¿Es posible un equipo o máquinas que eliminen toda gravedad? ¿Pesamos en todos los puntos de la Tierra igual? Y si ésta se parara, ¿qué pasaría? Estas preguntas me las he hecho yo también tantas veces, que al fin llegué a la conclusión de que la gravedad forma parte de cualquier masa por insignificante que ésta sea, y en ella está presente dependiendo de su poder de atracción por su densidad y la distancia, y este poder es independientemente de su tamaño. Son dos los efectos principales para la dinámica del movimiento celeste de los cuerpos en el espacio: la gravedad y la fuerza centrífuga, a la que la gravedad obliga por la curvatura del espacio. Cualquier cuerpo que entre en ese espacio, dependiendo de la velocidad de desplazamiento, éste puede ser atraído y entrar en órbita, o si su velocidad es muy alta, como la de un haz de luz, formará una curva, quizás hasta podría disminuir su velocidad, y seguiría de nuevo su camino. Una vez entrado en su horizonte de sucesos, la fuerza centrífuga intentará hacerle salir de la órbita, mientras que la gravedad lo atraerá, creando una dinámica hasta que una de las fuerzas gane a la otra (como es el caso de la Luna y la Tierra, en que la primera se aleja de la Tierra cuatro centímetros por año) saliendo de su órbita para perderse en espacio o ser frenada y entonces colisionar ambos cuerpos. Como antes indicara, si la velocidad de desplazamiento es grande y se acercara al cuerpo más denso, se crearía un efecto onda, cambiando su trayectoria y acelerando su velocidad al salir de esa órbita; de este efecto se aprovechan los satélites espaciales para viajar a los confines de nuestro sistema solar con el fin de ahorrar energía. El efecto más demostrativo son los cometas que tienen una órbita en rededor del sol: son atraídos por éste, entran, dan un giro de ciento ochenta grados en su órbita, aceleran su velocidad, escapan de la atracción del sol y son lanzados de nuevo a los confines de nuestro sistema, donde, una vez perdida su inercia, y en el caso de no haber variado su trayectoria por causas de otros planetas, inicia de nuevo un nuevo encuentro con el astro que lo atrae.

La Tierra se asemeja a una dinamo produciendo ondas electromagnéticas, que son iguales a como se desplazan y originan en un imán, ondas éstas producidas por la rotación de su núcleo de hierro sobre el magma que hace de "bobina de carga que lo magnetiza", y donde se cortan las líneas de fuerza que produce el núcleo al girar. El Sol, sobre los demás planetas, se comporta como un átomo con sus electrones, dependiendo de la carga de cada planeta que le circunda se produce una fuerza en una dirección de giro, tal y como el átomo tira de los electrones y los electrones añaden ese efecto tirando del átomo, pero que gracias a la fuerza por la velocidad centrífuga al rotar los planetas alrededor del Sol, se evita la colisión. Pues igual que produce la Tierra ondas electromagnéticas, se producen ondas gravitacionales.

La Tierra, al igual que cualquier componente que es expuesto a un campo de energía o magnético, toma carga neutra, negativa o positiva, (esto naturalmente es una hipótesis, pero posible), y ésta carga hace que independientemente del efecto de atracción gravitatorio, tenga, al igual que cualquier masa en el espacio, un efecto de atracción o repulsión, que, en el caso de ser de cargas diferentes, se suma a la fuerza gravitatoria. Lo contrario: si es el caso de ser los dos cuerpos de carga igual, hace que la fuerza de atracción de la gravedad en ambos cuerpos disminuya. Si esto se confirmara, es previsible que en un futuro se tenga en cuenta para el cálculo de la rotación o desplazamiento de los cuerpos celestes. Quizás esto explique la repulsión de la materia ordinaria de la oscura. Causa, quizás, de la supuesta velocidad de expansión del Universo. También explicaría por qué no es visible dicha materia oscura.

Campo Magnético.

Antes de seguir con la gravedad, comentaremos primero algo más sobre el campo magnético: El fenómeno magnético ya era conocido por los antiguos griegos. En el primer lugar donde fue observado fue en la ciudad de Magnesia. Estos imanes permanentes naturales tomaron el nombre de la ciudad, magnetita. Por otro lado, fue Hans Christian Oersted el primero que comprobó y descubrió que una corriente eléctrica generaba un campo magnético a su alrededor. En el imán su tipo de atracción es de flujo, yendo sus líneas de norte a sur. Si no hay presencia de otro cuerpo de diferente polaridad que lo "cortocircuite" puede perdurar por mucho tiempo. En el caso de los campos electromagnéticos producidos por una corriente eléctrica sobre un hierro dulce, estará presente hasta cortar el flujo eléctrico o la energía que lo motive.

Fue en el año 1825 en el que el británico William Sturgeon quien inventó el electroimán. En los dos casos son fuerzas de desplazamiento, naciendo del cuerpo que los produce y penetrando de nuevo en éste, si no hay nada que modifique su trayectoria. Si colocamos bajo un papel un imán y sobre ese papel limaduras de hierro y las hacemos vibrar, podremos observar cómo se ordenan según sus líneas de fuerza.

Es importante observar que en el núcleo de los imanes se origina un efecto que se asemeja a la gravedad, al ser este centro el que "atrae" a todos sus componentes exteriores a él. Si unimos dos imanes de igual tamaño y magnitud magnética por sus puntos contrarios de polaridad, la unión de estos se transforma en el "núcleo": se habrá trasladado la posición de éste y se han sumado sus fuerzas. Ocurre lo mismo con la gravedad en un solo cuerpo, tal y como ya indicamos, sin nada más en el universo, como pudiera ser la singularidad del Big Bang: mientras se encuentre solo, sin nada que atraer, su fuerza nacería y moriría en él mismo. Estos campos magnéticos se dan también en todos los planetas en donde su núcleo es de hierro y gira entre un magma con diferentes metales, caso actualmente ocurre con el núcleo de la Tierra. Pudiera ser el caso en el que algunos planetas, que hubieran tenido esas líneas de fuerza, guarden aún algún débil campo debido a su altísima cantidad de componentes magnéticos, y que, a pesar del tiempo transcurrido desde el cese de la rotación de su núcleo, han guardado esa propiedad (como la magnetita).

Para que tú, Pedro, te hagas una idea de la enorme energía magnética y del poder de inducción que produce el campo que genera la Tierra, te diré que si pudiéramos instalar unas espiras entre dos satélites estacionarios: norte magnético de la Tierra y sur, pasando por el ecuador, y la mantuviéramos quietas en el espacio mientras gira el planeta, al cortar las líneas de fuerza de la Tierra en su giro a las espiras, en sus extremos generaría una energía inducida con potencia suficiente para abastecer de electricidad a buena parte de un pueblo o ciudad. Es tan importante este campo que se genera en la Tierra, es tal su fuerza, que de él depende la protección contra otros tipos de ondas muy dañinas para la vida y que son producidas por el sol. La no existencia de él eliminaría la posibilidad de vida tal como hoy la conocemos. No es baladí lo que se dice sobre lo que pudiera ocurrir durante la fase de intercambio de los polos magnéticos de nuestro planeta, si en ese intervalo éste se podría quedar sin protección electromagnética y se diera una deflagración solar, pudiera muy bien ocurrir que la Tierra perdiera una buena parte de su atmósfera, así como la eliminación de buena parte de la vida terrestre.

La gravedad es muy diferente en fuerza a las ondas electromagnéticas, está entre las cuatro interacciones fundamentales. Su fuerza de unión entre las masas es mucho más débil, pero inmensamente fuerte a nuestra concepción humana. Las ondas de la gravedad de los cuerpos se desplazan prácticamente al infinito modificando el espacio entre masas que se atraen, ondas que se debilitan según se distancian. Éstas se atan con otros cuerpos con sus innumerables "cuerdas" que tiran desde su núcleo y desde todos sus componentes. Siempre en busca de materia que atrapar, cuerdas que cada una de ellas se generan con la masa de todos los cuerpos (pienso que éstas, las ondas gravitacionales, es muy posible que se puedan algún día detectarse en una frecuencia muy baja), pero que se transmiten en el espacio, al igual que lo hacen las ondas electromagnéticas, a una velocidad igual a la de la luz (299.792.458 ms). La única torsión de éstas se originaría en el caso de encontrar otra masa que atraer o ser atraídos. Esas ondas gravitacionales se funden en ambos o múltiples cuerpos, y como si fuera la cuerda de una honda se ata y se esclaviza a la masa que es atrapado o atrapa. Si se encontraran con un cuerpo supermasivo, un agujero negro, la fuerza de atracción de éste, al entrar ese cuerpo en su frontera de horizontes de sucesos, absorbería hasta sus ondas gravitatorias, lo envolverían e irían en un solo sentido: hacia el cuerpo supermasivo. Si ambos cuerpos son de parecido tamaño, pudieran bien orbitar sin llegar a ser absorbida una a la otra (nuestro actual sistema planetario), formando, en este caso, una doble órbita en la que tendrían un efecto de continuo balanceo (en el caso de la Tierra y su luna, las mareas sobre los mares y océanos, y también, pero en menor medida, sobre el magma), hasta que algo se modificara en uno de ellos, salirse de la órbita y fundirse entonces en uno sólo, o alejarse en el espacio como ocurre con la luna que se aleja unos centímetros cada año.

POSIBLES CATÁSTROFES

En los planetas o estrellas que tienen un núcleo vivo, un núcleo activo. Éste, salvo en excepcionales casos, gira en el interior de su corteza arrastrando en su núcleo y en diferentes velocidades las diferentes capas de su masa, según se van distanciando del núcleo. En algunas ocasiones va más rápido el núcleo que su corteza y en otras éste gira a menor velocidad; un ejemplo de ello puede ser Júpiter que tarda 9.841 horas en su rotación y sin embargo sus líneas de fuerza producidas por su núcleo, 9.925 horas. Como decía, en excepcionales casos se encuentran planetas que la fuerza gravitatoria de satélites inertes que les circundan, sin núcleo activo, han ido frenando el giro del planeta en su parte exterior, y a su vez frenando el giro del núcleo del planeta. En estos casos, de parada en su rotación, y hasta que otras masas generaran una nueva estabilidad, no hay pérdida ni aumento de gravedad alguna en su conjunto. Sin embargo, al no haber una fuerza centrífuga por su giro, sí que afectaría al peso de todo aquello que está sobre su núcleo, sobre todo en el ecuador. La pérdida de inercia que origina la fuerza de escape al exterior derivada de la fuerza centrífuga de las partes ecuatoriales hace que la masa de los elementos pesados de sus capas sobre su manto, todavía fluido: montañas, y océanos, tiendan a "caer" sobre su núcleo presionando a éste desde las capas externas y originando mayor temperatura en su interior. Si la temperatura por el volumen de su masa y presión es grande, podría originarse alguna reacción de fusión nuclear o aumentar éstas, dependiendo en qué fase se encuentren la composición de minerales y gases y la cantidad. Lo anterior sólo suponiendo que, por su presión, aumentara de tal manera la temperatura que se acumularan en exceso elementos susceptibles de desprender incontrolables protones, y estos empezaran a fusionar átomos produciendo intermitentemente posibles reacciones nucleares que haría aumentar la temperatura global del planeta. Actualmente no es el caso de la Tierra, pero nuestro planeta se encuentra entre uno de esos que tienden a perder su rotación sobre sí mismo, debida a la atracción mutua con el satélite que le acompaña y por las mareas de los océanos que lentos la frenan. Si este freno en su giro llegara a tener lugar, en el estado en el que se encuentra la Tierra actualmente, ésta reaccionaría, según bajaba su rotación sobre ella misma y ante la bajada de la fuerza centrífuga que mantiene a los elementos alejados de su núcleo, con un leve aumento del peso de toda la materia que estuviera en su superficie cercana al ecuador. Ésto originaría que algunas zonas cercanas a las fallas cayeran, entraran en el magma. Al frenar su giro, se supone que también el de su núcleo, los cambios, es posible, comenzarían con algunos terremotos y movimientos tectónicos. La actividad de muchos de los volcanes se reiniciaría, arrojando elementos ligeros a su superficie y creando nubes de ceniza en la atmósfera. Ante ello, al cerrar el paso a los rayos solares bajaría la temperatura en todo el planeta, o si es leve o intermitente el paso de la luz solar al exterior, por el exceso de CO_2, aumentando su temperatura haciendo imposible la vida animal o vegetal. Si esto no fuera bastante, el flujo magnético que mueve nuestras brújulas y que da su situación a aves y otros animales en sus migraciones, flujo que circula entre los polos, iría dejando de existir según se fuera deteniendo el núcleo. Luego vendría el final de todo tal como lo conocemos, hundiéndose partes de su superficie sólida mezclándose con el magma. Recordemos que el núcleo terrestre al girar, siendo además su centro la gran mayoría de hierro, crea, como si de una dinamo se tratara, el campo que hoy nos protege de los vientos y radiaciones solares repeliéndolos, actúa como si se tratara de un escudo que los detuviera en su trayectoria a la Tierra. No lo apreciamos gracias al escudo electromagnético que nos protege, pero es tal la fuerza del viento solar que transporta todo tipo de radiación, que actualmente el escudo de ondas que produce el campo magnético de nuestro planeta se contrae por la parte que le llega ese viento solar y por la parte opuesta lo aleja. El campo es empujado como si fuera una simple vela. Si la rotación del núcleo se detuviera, aunque solo fuera debilitado, dudo mucho que se mantuviera la protección de la radiación solar no más de unos segundos. También pudiera hacerse real las leyendas que pronostican un pronto cambio en la situación del eje, desplazando la posición de la superficie solida de la Tierra y por ello el desplazamiento del campo magnético sobre la posición de su superficie. La realidad es que ello pudiera venir de forma espontánea, al igual que un barco puede estribarse por un rápido desplazamiento de su carga. La misma naturaleza a través de sus corrimientos tectónicos, han ido desplazando el equilibrio de los pesos sobre el fluido del magma en el que navega su corteza terrestre. Esto es insignificante, pero pudiera llevar a que, en un momento dado, el efecto campana sobre el que la tierra marca con el sol sus estaciones, en ese preciso momento en que realizara ese cambio (equinoccio), hiciera que todo se desplazase, digamos que la corteza terrestre seguiría moviéndose cuando el núcleo ya habría comenzado el cambio estacional. El por qué pudiera ocurrir podría ser muy variado, pero podría ser posible por lo comentado sobre los desplazamientos tectónicos acaecidos durante siglos, y de no menor acción está la atracción lunar y solar sobre las masas de la superficie terrestre, océanos etc. En caso de ocurrir, sería lo más probable que no ocurriera nada, salvo el cambio de la situación de los polos y de un cambio radical del clima dependiendo de dónde quedaran lo que hoy es el norte, el ecuador y el sur terrestre.

Siendo catastrofista ello podría también llevar a una gran actividad volcánica. Este suceso es posible y bien pudiera ser una de las formas en que la raza humana podría diezmarse por los cataclismos "naturales" que ese evento conllevaría. Sin embargo, en este caso, el campo magnético que protege a la tierra cambiaría de posición sobre su superficie al desplazarse ésta, pero no por eso se detendría.

Todo esto es posible, pero también la vida en la Tierra, la actual naturaleza viva de la misma, algún día, quizás en cientos o miles de años, terminará por efectos naturales o universales, como la parada de rotación, choque planetario o, en miles de millones de años, convertirse el Sol en roja. Como decía, estos eventos catastróficos, salvo la conversión del sol, podrían producirse en cualquier momento de la vida y futuro terrestre.

Es seguro que según el paso destructor actual que lleva el ser humano, sin hacer falta que transcurra esta cantidad de años, la naturaleza viva de la que es el hombre un componente activo más, pudiera terminar llegando a su fin.

Pedro, querido sobrino, si el hombre sobrevive a su propio y lento suicidio que arrastra durante los últimos dos siglos, quizás habría que ajustar los relojes alargando algo los días. En la rotación al rededor del sol quizás ya sea necesaria en algún segundo, debido a circunstancias de cambios gravitacionales en la rotación de la Tierra en rededor del Sol, y que cíclicamente da a lugar entre periodos de cientos o miles de años, pues tal y como la Luna se aleja de la Tierra, la órbita de la Tierra irá cambiando según el Sol vaya perdiendo masa a través de su actividad, eyecciones o por la perdida por las partículas que forman el viento solar.

¿PIERDEN CONTACTO CON LA GRAVEDAD LOS CUERPOS EN ÓRBITA?

¿En ellos influye o no la gravedad?: La gravedad, esa curiosa e invisible cuerda que ata de forma casi instantánea a todas las masas por insignificantes que estas sean, está presente y de muy acusada manera en todo lo que conforman los satélites que circundan orbitando la Tierra. Bien es cierto que la fuerza gravitatoria se debilita al alejarse de su núcleo en inversa proporción al cuadrado de la distancia a la que se encuentran los cuerpos que orbitan, pero hay gravedad. Ésta está dada por el Principio de Relatividad Galileano. La visión de que los astronautas se desplacen sin aparente gravedad se debe a que aparentemente nada en él se mueve. Este efecto se produce gracias a que la velocidad y la aceleración del satélite en órbita y todo lo que está o forma parte de él son idénticas: todo cae aceleradamente a la misma velocidad a la Tierra. En la Tierra la atracción de ésta sobre los cuerpos que la orbitan es suficiente para atraerlos y fusionarlos en su superficie, si estos cuerpos en órbita detuvieran su velocidad de caída libre orbital, al igual que se comportaría la piedra atada a la cuerda de una honda si dejaran ambos de girar, caería.

La gravedad, se dice, es instantánea en las masas, pero es de distinta intensidad según su densidad y la distancia. Por el hecho de existir en todo componente, grande o pequeño, se extiende por todo el Universo desde el principio de los tiempos. El cambio de la posición de la materia o el cambio de densidad por explosiones que conviertan la materia en gases, dado el tamaño del Universo, tan sólo hace que se realice un mínimo y continuo ajuste en su maquinaría gravitacional universal. Pedro, como te decía, la gravedad es como una cuerda que enlaza todo cuerpo con otro u otros cuerpos celestes. La Tierra tiene esa cuerda con la que ata a la Luna y ésta se ata a la Tierra. El sol sujeta con esa cuerda virtual que es la gravedad a la Tierra, y de la misma manera evita que salgamos despedidos al espacio nivelándose la cuerda gravitatoria con la fuerza centrífuga. El sol a su vez es atado a otro cuerpo de inmensurable densidad que está en el centro de la Vía Láctea, y ésta, nuestra galaxia, con todos sus componentes, está "atada" a otro cuerpo de mayor densidad. En definitiva, todos los cuerpos de este Universo comunican su gravedad entre sí formando una red mucho mayor. Sus enlaces son universales, sus brazos se expanden por el Universo, la velocidad de la gravedad depende de la densidad, (no obstante Einstein postulo que era igual a la velocidad de la luz, sin embargo, aún no se ha determinado la velocidad real). Dado que esto es así, quizás no fuéramos más, con la Tierra y todo el Universo que conocemos, que un pequeño átomo en la composición de un simple guijarro que está a la orilla de un río; para sus habitantes, para ellos de un pequeño planeta; solo que ese guijarro podría estar compuesto de todo lo que para nosotros es el Universo.

SI AHONDÁRAMOS EN EL SUELO HASTA EL CENTRO DE LA TIERRA ¿FLOTARÍAMOS?

Si pudiéramos llegar al centro de ella, la gravedad disminuiría según nos acercamos a su núcleo, pero hasta haber alcanzado una gran profundidad no se vería ninguna diferencia practica con la de la superficie. Pero si nos fuera posible llegar al centro de su núcleo y éste fuera hueco (cosa imposible, la presión y temperatura nos convertiría en una mota de polvo), según fuéramos ahondando, la gravedad iría en una muy sensible y progresiva disminución hasta ser nula. Entonces nos encontraríamos flotando sin aparente gravedad, como si estuviéramos girando en una de sus órbitas lejanas. Pero... ¿Por qué? Pues porque en el caso de estar en centro mismo de la materia del planeta, la atracción gravitatoria de la masa total de la tierra sería igual por todos los lados. La pérdida de peso según ahondáramos, se originaría porque vamos dejando materia al otro lado, compensándose la que dejamos atrás con la que nos atrae hasta el centro. Como es lógico, apartando la fantasía, la masa del núcleo, dada su alta densidad, siempre es mayor que la del resto del planeta. Sin embargo, la Tierra, situándonos en la Luna, no nos atraería solamente su núcleo, sino todo lo que la compone. Su núcleo puede llegar a ser un elevado porcentaje de su fuerza gravitatoria, pero también forma parte de su atracción hasta el último átomo del hidrógeno volátil del borde exterior de su atmósfera.

Nunca confundamos la presión con la gravedad. La mayor presión, su punto de mayor incidencia, está en el centro mismo del núcleo, dado que "todas las demás están encima", y la menor es la última molécula de hidrógeno de la última capa de la atmósfera, que, dada su poca densidad, por poca actividad que tengan los vientos solares, algunos se escapan de la atracción terrestre al espacio.

La antigravedad existe en el Universo, si a ésta la asimilamos con la carga eléctrica y pensamos que pudiera haber similitud entre ambas. Cualquier carga excesiva de electrones es una carga negativa; lo contrario es una carga positiva. Los átomos por lo general son conformistas y quieren tener lo estrictamente necesario, por lo que cuando tienen lo que es suyo son eléctricamente neutros, pero si les robamos un electrón se convierten en un irritable positivo que ha de "atraer" otro electrón para calmarse. Pues bien, dos átomos cargados eléctricamente del mismo signo se repelen; dos de distinto signo se atraen. Se crea la atracción o repulsión eléctrica. En la gravedad en la materia y la energía parece ser que no es así. El mejor estado de cualquier materia que conforma el universo es el estar unida a otra y formar una sola y neutra, ya que una vez que se estabilicen las cargas en la globalidad universal, todo será neutro fuera de esa única singularidad. Hay una teoría que altera lo expuesto: la energía o la materia oscura, de la cual se especula que podría ser una, como ya vimos, de las culpables de la acelerada expansión del Universo.

¿SE PODRÍA MEDIR LA GRAVEDAD?

Newton por medio de las matemáticas ya lo hizo, por lo general es algo ya superado. Pero veamos un ejemplo simple que entonces no estaba a su alcance. Si en el interior de una nave entramos en la atmósfera y cayéramos a la superficie terrestre arrastrados por su gravedad, si estamos apuntando con el morro hacia el punto de atracción y la velocidad en su caída es lenta, tenderemos en su interior a estar pegados al morro, o al ser un ocupante más estaríamos cómodamente sentados en la nave en su caída libre. Pero si aceleramos y aumentamos su velocidad hacia la Tierra, habrá un momento que la caída de la nave será más fuerte y rápida que la velocidad de atracción de la gravedad, en ese preciso instante X empezaríamos a flotar cayendo con la nave. No dejaremos de estar presionados a la gravedad que la Tierra ejerce sobre todo su contenido hacia la punta del citado morro, pero estaría nivelada la velocidad de caída con la fuerza de la gravedad, es más: si aumentáramos aún más la velocidad de caída, nuestros cuerpos se irían a la cola del avión. Por lo que si podemos saber la densidad total de la Tierra (unos seis cuatrillones de kilogramos), la del objeto que flota y la velocidad en la caída, el tercer factor nos dará la fuerza de la gravedad en ese momento X. En el momento en que nuestro cuerpo flota se habrá contrarrestado la fuerza de la gravedad con la velocidad e inercia hacía la Tierra. Ahora, como indicaba, si superamos esa crítica velocidad, si aceleráramos más la velocidad de la nave en su caída terminaríamos con que nuestro cuerpo se pegaría a la parte posterior de ésta, pasaríamos a que caeríamos a más velocidad a la que la misma gravedad acelera todo cuerpo. La fuerza de la gravedad en diferentes puntos del espacio entre la nave y una masa como es la Tierra no es la misma. La fuerza de la gravedad, lo repetiré una vez más, es proporcional al producto de las masas inversamente proporcional al cuadrado de la distancia que las separa; por lo que la distancia entre el objeto, la tierra y otra masa o punto gravitatorio, como puede serlo el sol, podría hacer que se nivelaran las atracciones dejando al objeto en un punto muerto, en una órbita de nadie durante un corto espacio de tiempo.

La Tierra y la Luna tienden a atraerse, por lo que la segunda sobre la primera es la causante del origen de las mareas en nuestro planeta. La falta de agua y de atmósfera en nuestro satélite, hace que no sea tan evidente la atracción reciproca como lo es en los mares y océanos terrestres. Cualquier objeto en sus superficies se ve influenciado en diferente medida por las dos gravedades dependiendo de la distancia del objeto entre los dos cuerpos y de su respectiva masa. Cuando hablamos de cantidad de masa no hablamos de volumen y sí de densidad. La mayor densidad de un cuerpo celeste es la que hace que su atracción sea predominante sobre la de menor. La luna nunca podría hacer que la Tierra fuera su satélite, ni la Tierra podría soñar con tener como satélite a Júpiter, y sí, al contrario. Sin embargo, los satélites y planetas hacen que se origine sobre el cuerpo que orbitan un ligero balanceo, debido a su "tiro" gravitatorio que ejerce también el de la menor masa. Ambos originan un cambio en el espacio tiempo que les rodea con las masas con las que interactúan. La velocidad a la que órbita nos daría el peso específico de materia, de la densidad del objeto que gira, independiente de su tamaño. Si fuéramos en una nave que acelerara progresivamente en el espacio estelar, al igual que el avión, en un principio nos veremos presionados contra la cola de la nave, hasta que la inercia progresiva causada por la velocidad cesa. Si ésta se mantiene sin freno ni aceleración, no importa a qué velocidad se desplace, la gravedad será inexistente, siendo el peso el que, por atracción de otra masa superior, gravitatoria o centrifuga le afecte en ese momento (giro de un objeto sobre un eje en el que se encuentre el viajero). La velocidad necesaria para salir de la atracción terrestre se llama velocidad de fuga o velocidad de escape, y en la tierra es de 40.320 km/h, 11,2 km./s. la formula hidrodinámica es: $v_e = \sqrt{\frac{2GM}{R}} = \sqrt{2gR}$

Donde:
ve = Velocidad de escape.
g = Constante de Gravitación Universal (6,672 × 10-11 N m2/kg2).
m = Masa del cuerpo celeste (planeta, satélite o estrella).
r = Radio del cuerpo celeste.
g = Aceleración de la gravedad del cuerpo.

Cada cuerpo celeste tiene un resultado diferente en su atracción que depende de su densidad. Sin la fuerza y velocidad necesaria de despegue para alcanzar y mantener la velocidad de fuga, ningún objeto podría ponerse en órbita, ni jamás abandonar la Tierra o el cuerpo planetario donde se hallara. En el caso de los grandes y densos agujeros negros la velocidad de fuga necesaria puede llegar a ser superior a la de la luz; en nuestro Sol es de, aproximadamente, 617,7 km./s.

EL PESO DE NUESTRO CUERPO ¿ES IGUAL ESTÉS DONDE ESTÉS?

El peso de cualquier masa en la Tierra no es igual en todos los lugares de ésta, aunque esta diferencia en la práctica no se aprecie. La Tierra gira en torno de un imaginario eje. Ese eje le crea la rotación de su núcleo que arrastra al resto de la masa, girando toda ella. Dado su volumen y densidad, y aun cuando la velocidad de rotación es enorme, tarda veinticuatro horas en completar su giro. Esa velocidad de rotación, por la gravedad, hace que todo aquello que la Tierra contiene, y que en mayor medida su núcleo atrae, se vea obligado a girar con ella, creando a sus masas una fuerza centrífuga que dependiendo del lugar en que se encuentren obliga a los objetos en su superficie a generar una fuerza de fuga contraria a la gravedad que los atrae. En el caso de que no existiera la gravedad sobre esos cuerpos, esas cuerdas que los atan no existirían por lo que esa fuerza centrífuga creada por el giro del "planeta" les haría salir expelidos al espacio. Pues bien, como decíamos, la fuerza centrífuga, esa velocidad de fuga por rotación, no es igual en todos los puntos de este planeta, ni de ninguno que gire por grande o pequeño que sea. Si nos acercamos a los polos, cerca del hipotético eje, la fuerza centrífuga también es menor. Siendo jóvenes algunos hemos jugado al látigo, en el que uno de los chicos o chicas más fuerte, colocado el primero, agarraba con la mano a la mano de otro de los muchachos, y éste a otro y así hasta que se hacía con una variable cantidad de jugadores, de cinco a diez jóvenes. Se iniciaba el juego corriendo, y a poco el primero hace un pequeño círculo, arrastrando a los demás en su giro. Los que iban pegados a él sólo se veían algo frenados, los que se acercaban al extremo les costaba mucho el poder seguir agarrados, mientras que el que o los que estaban en el extremo, se daban una buena torta al ser expelido lejos de los demás. ¿Qué había pasado? Algo que todos sabíamos que ocurriría: el del extremo había recorrido mucho más espacio a más velocidad, siendo un arco mayor que la de ninguno a los que se sujetaba, por lo que aumentaba la fuerza centrífuga al exterior. El resultado es que salía despedido dándose la morrada. Creo que habréis comprendido que aquellos que se encuentran en el ecuador o cercano a éste, el diámetro de giro es mayor y por ende la fuerza centrífuga. En definitiva: que deberían pesar algo menos, a menos que la masa en ese ecuador, su radio hasta el núcleo sea mayor por lo que la fuerza de gravedad, por mayor densidad bajo ellos se compensara con la mayor fuerza centrífuga que en los polos. Las personas que están cerca de los polos, si su radio al eje es menor, al encontrarse casi sin efecto por la velocidad centrífuga de escape, la atracción es sensiblemente mayor que aquellos que están situados en el ecuador.

Si la Tierra estuviera estática, sin rotación alguna, la realidad expuesta anteriormente sería la inversa, pues la menor masa que pudiera existir en los polos, por su achatamiento, con la de mayor masa del ecuador, en este último pesaríamos sensiblemente más. Sea pues que la fuerza centrífuga, al igual que ocurre en todo el Universo, marca esa sutil, pero importante diferencia.

LA VELOCIDAD DE LAS PARTÍCULAS

La velocidad a la que se trasladan las partículas o masas está limitada tan sólo por su propia composición molecular, densidad de ésta y de la temperatura y densidad del medio por donde se mueven o transitan.

Pienso que la velocidad de la luz conocida es posible que no sea la velocidad máxima, ni fija, que las partículas pueden desarrollar en el espacio; algo posible hasta ahora no demostrado, por lo que la estrella de la relatividad general no ha sido cuestionada. Los fotones, como cualquier partícula de las que transitan por el Universo, o la misma radiación electromagnética, tienen un grado determinado de masa igual a "casi" cero, pero la tiene. Y al igual que todas las partículas con masa y carga eléctrica, tienden a frenarse o desviarse en un espacio denso en "atractores" varios, o de gases de tipo muy denso y caliente. Por lo que la velocidad de la luz, la de los fotones, como la de cualquier partícula o masa al pasar cerca de un cuerpo de gran densidad, podría acelerarse o ralentizarse, estando supeditada a su masa, a la densidad de los cuerpos del medio donde transita, la temperatura y a su potencia de excitación primaria. Quizás esta teoría la veamos confirmada o desacertada dentro de esta generación del siglo veinte; nuestro siglo terminará pronto y se avecina un siglo nuevo de grandes descubrimientos.

Cuando un fotón pasa por un cuerpo de gran densidad se comporta como un corredor al que le hemos atado con una cuerda flexible sujeta ésta a medio camino antes de llegar a la meta. El corredor inicia su carrera libremente a la velocidad de su marca, pasa por el centro donde está atada la cuerda y a partir de ese momento la elasticidad de la cuerda frena al corredor; éste se suelta de la cuerda y acelera su marcha de nuevo. En definitiva: una partícula que viaja a la velocidad de la luz, al pasar cercano a un cuerpo de alta densidad, y supera su frontera de sucesos sin ser absorbido, en ese tránsito se le frena su velocidad. Si entra en su frontera, dependiendo de la densidad y velocidad de escape de su masa, en caso de ser mayor que la velocidad del fotón, le aceleraría hasta incorporarlo a ésta.

La luz, como onda que es, se comporta igual a todas las demás radiaciones electromagnéticas. Dentro de la radiación de la luz blanca visible, se encuentra un paquete de otras frecuencias, distintos colores, que en su conjunto forman la luz blanca y otras que no son visibles al ojo humano como la infrarroja y la ultravioleta. Newton, mediante un prisma, separó las diferentes frecuencias de este paquete que van del rojo al violeta. De ese descubrimiento se definió, más tarde, la propiedad de los objetos con su luz, de ir hacia el rojo si se alejan y al azul si se acercan. La explicación de tal hecho es sencilla. Cuando una estrella, por ejemplo, se acerca a nosotros, su frecuencia, la de la onda de la luz que nos llega, se suma, aun cuando sea insignificante (sin embargo, la velocidad de la luz de la estrella que viaja hacia nosotros se ha mantenido constante), por lo que la onda de la luz de la estrella se estrecha. La luz en este caso, la frecuencia de sus ondas ha aumentado, mejor digamos se ha contraído yéndose hacia el azul y a más velocidad al violeta. En el caso de que la luz de la estrella se aleje, a nuestra perspectiva su color irá hacia el rojo, ya que su frecuencia se alarga hacia el extremo del rojo.

Hagamos un símil: imaginemos a un tren en el cual hay una máquina que lo arrastra; la máquina es la cabeza y el último vagón la cola. Ahora pongamos luces de colores en el tren: la máquina de azul y el último vagón de rojo, entre medias los demás colores formando un arco iris. A velocidad normal si el tren se dirige a nosotros de frente lo veremos azul, si el tren se aleja de nosotros lo veremos rojo. Ahora pongamos de modo que lo veamos desde lejos y viéndolo de lado y parado, veremos, máquina y vagones, con los colores bien definidos. Si el tren iluminado fuera a mucha velocidad, según fuera aumentando su velocidad, la gama de colores se iría mezclando hasta el punto de que, a cierta velocidad máxima, lo que veríamos pasar sería, un punto, una luz blanca: se habrían mezclado todos los colores. Eso exactamente pasa con las ondas electromagnéticas, con los paquetes de fotones, con lo que es y produce la luz.

Un medio con mayor densidad puede llegar a frenar las partículas reduciendo su velocidad, por lo que: ¿tienen los fotones masa?

El fotón es una partícula con masa. Un ejemplo probado: un rayo láser puede llegar a tener suspendida, con su haz de luz, a una pequeña esfera: la luz es frenada por la esfera y ésta ha levitado. La energía que ha necesitado la esfera para suspenderse ha sido sacada del choque y freno de las partículas, de los fotones, de su masa al chocar con la superficie de la esfera. ¿Tienen entonces masa la luz, los fotones?, sí, y por este mismo efecto puede ser medible velocidad y la densidad de la luz como si fuera sólida, de tal forma que una acumulación de fotones golpeando en un solo punto, puede llegar a producir tal temperatura como para cortar el acero y hasta fundir un diamante.

La masa de los leptones (Los leptones, partículas con espín), junto con los quarks, son los que conforman una parte fundamental de la materia. Según la ley de la energía, si se "descompone" una partícula en varias, el resultado de la conversión de las partículas resultantes han de sumar la masa original de la partícula descompuesta o dividida. La existencia del neutrino, supuestamente, es el resto que haría que la suma de la división de la partícula desintegrada completaría su original masa, dando por buena la afirmación del francés Antoine-Laurente de que la materia ni se crea ni se destruye. El neutrino, es tan su masa es tan "ínfima" que en su trayectoria, en teoría, pudiera atravesar nuestro planeta sin chocar con ningún elemento de los que la compone (aunque nunca podría atravesar un agujero negro), por lo que si el fotón puede y choca con los elementos con masa produciendo calor, es fácil deducir que el neutrino, que por su "casi" nula masa no encuentra nada que lo retenga, sea una de las partículas que en el momento de su generación y proyección "pudieran" ir a mayor velocidad que el fotón, en definitiva que la luz.

Sobrino, incidiendo una vez más en lo anterior escrito, y contrario a lo que se constata por la física, te propongo que los fotones pudieran ser que aumentaran o disminuyeran su velocidad en las cercanías de una gran estrella colapsada de mayor densidad que la de nuestro Sol: un agujero negro. La gran fuerza de atracción de la gravedad de esos densos astros llegaría en muchos casos a superar la velocidad de escape de los fotones, frenando, desviando o absorbiendo a éstos cuando pasan por su frontera de sucesos. Quizás sea por ese evento que esas enormes masas, una vez alcanzado su estado neutro, frio y sin materia cercana que fusionar, formen parte de esas zonas oscuras de nuestro Universo, en el que da la impresión, por su absoluta oscuridad, de que estuviera exento de materia alguna. Estas zonas, que están repartidas dentro mismo de nuestra galaxia, crean una enorme sombra negra sin partícula alguna visible, que sin embargo existen, pues generan un efecto de lente en el desplazamiento de la luz que nos llega de las estrellas. Dada la edad del Universo y el gran número de estas estrellas colapsadas, puede que se parte de lo que llamamos materia o energía oscura. Pero está la otra cara de lo supuesto de este tipo de materia o energía oscura, como ya comentáramos anteriormente, puesto que lo que se espera es que obraría en una atracción a la materia ordinaria circundante, sin embargo, se separa de ella provocando el aumento de la velocidad de expansión de nuestro Universo.

La luz, según la física moderna, al igual que las ondas de radio, son ondas electromagnéticas que no precisan de soporte alguno para propagarse por el vacío del espacio y que su velocidad es siempre uniforme. Esta energía se puede modular, "frecuencial" y propagar o direccionar, dependiendo de la potencia del emisor y la capacidad de la fuente para estrechar y marcar la dirección de la energía emitida: parabólica, láser, fibra óptica etc. Es tanta la diversidad de frecuencias en paralelo que se pueden emitir, que por una simple fibra óptica pueden ir miles de ondas diferentes. Esto es lo que es estándar, pero no estoy en algo del todo de acuerdo, y aunque peque de atrevido te expondré, sobrino, lo que creo: Al igual que hay algo en el espacio tiempo que hace que éste se altere ante la presencia de un cuerpo supermasivo, hay ese "algo" en el espacio que hace de portador o "repetidor" para las ondas electromagnéticas. Llámese éter (una definición que está contenida en la física aristotélica y la teoría electromagnética, obsoleta ésta y desterrada del diccionario de la física), o como queramos llamarlo, pero es posible que algo hay, invisible hoy en el vacío del espacio. Si fuera así, entonces sería lógico y evidente que en el transitar de la luz por el espacio, ésta excitara en menor medida otras partículas, llámense como se les llame, realizando una dispersión en su trayectoria, efecto de refracción que se da en la atmósfera; y si no ¿cómo es que vemos también en el espacio ese haz de luz láser si no ha sido dirigido a nosotros? Si pudiéramos observarlo a miles de kilómetros de su fuente comprobaríamos, a pesar de concentrar su haz casi al cien por cien, que el haz de fotones del láser no converge, sino que diverge algo en el espacio. El radio de su campo de acción se abre, algo lo abre. Por otro lado, la luz, como onda que es, porta una cresta positiva y un seno negativo a los cuales podemos dividir a cada uno por su lado, el resultado sería un haz de luz polarizada, pero que porta la misma imagen, si fuera el caso de que fuera portadora de ella.

Si la fuente de excitación no se limita a una sola dirección, ésta excitará a las moléculas afines igual en todas las direcciones, como por ejemplo ocurre en la atmosfera con un rayo, una bombilla, etc. En definitiva, sobrino, si hubiera "algo" que reaccionara con toda emisión electromagnética, podríamos decir que la luz se transmite por la excitación continuada de partículas, al ser proyectada sobre ellos una partícula ya excitada y con mayor impulso que el de reposo, por lo que continuaría su camino, a pesar de que la fuente se apague. Hay partículas libres en la atmósfera y en todos los lugares del Universo (salvo en las cercanías de un agujero negro, sin materia que acrecentar, dado que esa masa tan densa deja si "nada" en su frontera de sucesos) y son excitadas mientras existe la fuente, si la fuente se apaga, el último fotón seguirá su camino hasta que un cuerpo absorba su energía transmitida.

La velocidad de la luz se puede llegar a medir de una manera realmente fácil, como ya se hace, aun cuando por su complejidad no está al alcance de cualquiera. Se precisa de una precisión absoluta en los instrumentos a utilizar. Veamos una de ellas: un rayo de luz muy fino y denso, luz coherente, láser, por ejemplo, es proyectado a una lente; el resultado buscado en esa lente especial es el de que se abra en dos direcciones; el primero que parte de ésta es un haz a una muy corta distancia de un objetivo en el que en su interior se encuentra un negativo fotográfico circular y milimétrico en una cámara negra y girando a una velocidad determinada, precisa y controlada. El otro haz de luz, que sale de la lente, parte hacia un espejo colocado a distancia, distancia que se ha de determinar exactamente. Éste luego se le dirigirá hacia el objetivo donde se encuentra el negativo girando a velocidad controlada ya referida. Bien, cuando esto está preparado y todos los controles y medidas están a punto: en oscuridad se dispara el láser durante un instante; un haz de luz del láser penetrará en el objetivo dejando en el negativo que gira en su interior, grabada su entrada en un lugar de él; el otro haz ha de recorrer la distancia de ida y vuelta al espejo y en su final penetrará también en el objetivo, dejando grabada su segunda entrada. La ecuación para ustedes, los jóvenes matemáticos, es muy sencilla: dependerá del tiempo en recorrer la distancia de cada uno de los dos haces, la velocidad de giro y la distancia de la grabación desde la entrada del primer haz y la segunda. De esta guisa, ya teniendo un patrón y con los mismos medios, intercalando agua u otros elementos entre el segundo haz, se puede calcular la velocidad de la luz a través de otros medios y su demora, además del aire que por sí mismo y en diferentes estados puede llegar a hacer variar su potencia y velocidad: contaminación, humedad extrema etc. Hoy día se mide con gran precisión con instrumentos de gran fidelidad y precisión.

Si bien el éter fue erradicado como una forma de materia por la que discurría la energía, la teoría en 1964 de Peter Higgs sobre una partícula elemental bajo el modelo estándar de la física de partículas, deja un poco en el aire qué tipo de partícula es la que se encuentra en el espacio que pudiera permitir el desplazamiento de las ondas electromagnéticas; pienso que no existe en el universo un espacio completamente vacío. Tampoco creo posible hacer el vacío atómico, pues el mismo recipiente en el que se realiza ese vacío está compuesto de átomos y partículas elementales, por lo que siempre hay "algo" en su interior.

Recuerda que los fotones, los rayos x, los rayos gamma y la radio frecuencia, etc., puede que exciten a cualquier elemento que se encuentre en su camino. La frecuencia de toda partícula, con el tiempo y distancia, se va alargando y debilitando hasta que casi es imposible detectarlas si no es con un receptor multiespectral y en un estado de muy baja temperatura en el sensor.

La cantidad de energía y la velocidad de ésta, concluye en la temperatura que se origina por los receptores. Imaginemos que lanzáramos, con la única fuerza de nuestro brazo, un guijarro a una roca dura y de mayor tamaño que la lanzada, ésta rebotaría sin originar ningún desplazamiento en ella, lo más que podría ocurrir es que la piedra lanzada se partiera en trozos si su composición fuera poco compacta. Pero si pudiéramos aumentar su velocidad –por ejemplo, lanzada con la fuerza de un obús–, ésta no sólo podría llegar a desplazarla, sino que hasta podría "desintegrarse" en pequeños trozos en compañía de la lanzada produciendo calor por la fricción. La luz del sol sobre la contaminación de la atmósfera, o sobre la superficie de Tierra, se refleja o excita sus componentes siendo su respuesta en forma de calor. El calor depende de la cantidad de fotones que absorbe el material con el que choca y su velocidad, pues depende del espectro, del color, del material: un material negro no refleja luz alguna de la que recibe, por lo que la temperatura resultante del material receptor será mayor que la del blanco, que en teoría despediría todo el espectro de la luz.

Nosotros los humanos y la mayoría de los animales, percibimos la luz que los objetos reflejan, aquellos fotones que no han sido absorbidos. Los fotones que son absorbidos por las impurezas en la atmósfera, y por la superficie de la tierra y océanos, producen calor que por convección transmiten al aire que le circunda. Tomando este principio, comprenderemos que todas las partículas en el Universo tienen la capacidad de excitar a otras creando una progresión infinita con respuestas y frecuencias diferentes dependiendo de qué es lo que lo excita y cuál es el estado y composición de lo excitado. El sol, en la mañana, cuando le vemos emerger, atraviesa una gran cantidad de atmósfera terrestre. Dependiendo de la humedad ambiente y de la contaminación atmosférica que ha de atravesar, lo veremos de color más o menos rojo, pues su luz se dispersa entre las moléculas del agua y la contaminación y se debilita su frecuencia. Según se eleva en el cielo los rayos del sol nos llegarán a nuestros ojos atravesando menor atmósfera por lo que predominará el blanco, al atardecer e inclinarse hasta el horizonte, le ocurrirá lo mismo que al emerger.

La prueba definitiva de que los fotones tienen masa, ya comenté que es que la luz coherente del láser puede perforar el acero y hacer levitar un objeto o destruirle. Para terminar, sobrino, una nave que viaje a la velocidad cercana a la luz, la luz que despide dicha nave viajará a la velocidad estimada para el fotón, en definitiva: la velocidad de su luz no se sumará la de la nave. El ser humano, para sus traslados, personales o de transportes, utiliza carreteras de asfalto de color negro. Es curioso que los científicos no hablen de que una parte del calentamiento de la atmosfera del planeta viene por el calentamiento por convección del aire que "toca" el asfalto irradiado por el sol. Sí, es tal la incidencia por el volumen de asfalto que "pinta" parte de la superficie terrestre que bien pudiera ser parte de ese calentamiento.

DE ESTRELLA A AGUJERO NEGRO.

Por tus cartas, veo Pedro, que vuestra curiosidad, la tuya y la de tus amigos, se inclinan a la ciencia ficción, hecho que por cierto me parece muy bien y que comparto, ya que aviva la creatividad y ello conlleva a la pregunta constante.

Los agujeros negros se comportan como un sistema planetario que, por la acción de la gravedad, al girar su masa hace orbitar a toda materia que hubiere en la galaxia de la que él es el centro de ella, solo que, al hacerlos caer sobre él mismo, los hace orbitar a gran velocidad hasta que los va devorando y crecentando su masa y su horizonte de sucesos. Hasta la fecha todo lo escrito sobre ellos son informaciones obtenidas de la observación y cálculos, basadas en las leyes físicas conocidas. Nunca se ha podido observar uno, salvo su situación ante la energía que desprenden los astros a su alrededor o las eyecciones que realiza por sus polos al acrecentar materia. Un agujero negro supermasivo se crea tras el colapso, o la conversión en supernova de una estrella y la constante acreción de materia que lo circundara. Los agujeros negros por los que tanto preguntas, y que ya hemos comentado en páginas anteriores, pueden padecer de misteriosos y fantásticos añadidos al querer explicarlos y no tener al alcance todas sus extraordinarias características, vida y consecuencias de su propia existencia. Lo que es seguro, Pedro, es que jamás seremos espectadores próximos a semejante evento. Un simple acercamiento a nuestro sistema solar de un elemento supermasivo de esas características conllevaría al final de éste y de cualquier materia que sobrepasara la frontera de sucesos de uno de ellos. Como ya habrás estudiado, el Sol es un horno en constante actividad. Sus átomos están siendo constantemente fusionados generando presiones y temperaturas extremas de millones de grados en su interior. Éstas reacciones liberalizan neutrones y protones de los núcleos de los átomos de hidrógeno, produciendo colisiones en cadena, de tal manera que se desintegran formando un nuevo componente de esa fusión: el helio, que en su fase avanzada se fusionará produciendo oxígeno y carbono, mientras el hidrogeno cercano a su superficie no podrá entrar en fusión perdiéndose en el espacio ante sus eyecciones. El sol, una estrella enana, no será una nova, en su fase final, sino que se expandirá ocupando millones de kilómetros de su sistema. Decía Heráclito de Éfeso, llamado también "El Oscuro de Éfeso", que el Sol es nuevo todos los días. "El Sol se renueva cada día. No cesará de ser eternamente nuevo". Pedro, Heráclito quizá no se refería a que apareciera nuestro astro en el amanecer del día a día. Creo, que sin saberlo dio en el punto, y lo digo porque para los seres que entonces, en su final, habiten el planeta Tierra, el Sol seguirá siendo eternamente nuevo. Si bien morirá tal y como lo conocemos y con él posiblemente hasta el cuarto planeta que le circunda, no obstante, éste seguirá existiendo aun cuando esté apagado de reacciones.

La conversión de sus componentes no dejará de cambiar por miles de millones de años: Primero como una gigante roja, luego como enana blanca, hasta miles de millones más tarde llegar a ser un agujero invisible, un agujero negro. Hoy día la enorme energía que se desprende de esas fusiones, aparte de crear una fuerza de expansión sobre sus capas interiores hacia el exterior que contrarrestan algo la gravedad. Las continuas explosiones realizan una transformación en sus componentes atómicos. Una simbiosis con los restos de la combustión va derivando y fusionándose al núcleo de helio, formando así una masa contraída, densa y compacta de plasma a su alrededor, de una temperatura de millones de grados. En su acto final sus gases irán expandiéndose al realizarse las fusiones cerca de su superficie, en las capas superiores del núcleo de helio. Estas fusiones cada vez serán menos frecuentes. El combustible nuclear de hidrógeno en helio y deuterio irá terminándose. Se transformarán en átomos nuevos imposibles de fraccionar con la presión y el calor de ese momento. Los residuos se irán uniendo a su pesado núcleo, dejando de realizar con sus explosiones la contrafuerza que la gravedad normalmente ejerce sobre todas sus dispersas masas y capas. Ante la creciente gravedad de su creciente núcleo y su escaso hidrógeno cercano a él el comenzarán a fusionarse el helio y deuterio convirtiéndose en oxígeno y carbono. Ésto hará que el sol se expanda y queme todo su combustible nuclear, hasta terminar reducida a una enana blanca o en una estrella de neutrones, no más grande que el diámetro de la Tierra. Miles de millones después, tras disipar el calor almacenado durante millones de años, llegará a su fin al morir su tenue luz.

Sobrino, el ser humano no se conforma con dejar su existencia limitada a la vida del sol, busca tener como de un sol su energía. La quiere para él mismo, para poder trasladarla a otros planetas. La tecnología necesaria para imitar la fusión que se origina en nuestra estrella, es algo que ya se está preparando en laboratorios y centros especiales de la Tierra. Se intenta conseguir que átomos de hidrógeno, mediante la proyección de haces de luz laser, dentro de una campana magnética, se fusionen en átomos de helio, en definitiva, conseguir en ese cambio luz y calor a la carta, similares a la que produce el Sol.

En nuestra estrella esto viene ocurriendo desde hace más de cinco mil millones de años, y quizá, dada su densidad, su actividad puede tener una duración por un período similar en el futuro.

Recordemos..., hagamos una pasada y profundicemos, de qué es lo que ocurre en el Sol: En nuestro astro, por su gran presión interna y por ende sus extremas temperatura, casi todos los electrones están libres de sus átomos, estando formado por un gas de una mezcla de núcleos atómicos, átomos ionizados y electrones que entran en colisión y producen enormes reacciones nucleares. Entremos en cómo se realizan: la reacción transforma cuatro núcleos de hidrogeno en uno de helio perdiendo una masa que se convierte en energía, ya que la masa de un núcleo de helio es menor que la de los cuatro núcleos de hidrógeno –protones–. La disminución de esta masa, como decía, es transformada en energía. Otra transformación es la del carbono, aun cuando en este, nuestro Sol, es menor, ya que se da más en las estrellas mayores más calientes. Esta transformación, no obstante, conlleva a lo mismo: la transformación del hidrógeno en helio, sólo que en ésta el carbono tiene también un papel importante y al final se regenera. A éste se le llama también ciclo de Bethe que dice que hay dos tipos distintos de ciclos: el ciclo del carbono, también llamado ciclo del carbono-nitrógeno o ciclo de Bethe-Weizsäcker, y el ciclo del hidrógeno, también llamado como ciclo protón-protón. Las reacciones nucleares de los ciclos de Bethe son exotérmicas, pues liberan energía. El ciclo del carbono conduce a un resultado final, en la fusión de cuatro protones, p, en un núcleo de helio (partícula α) y a la producción de positrones, e+, y dos neutrinos, ν, liberando aproximadamente 30 MeV en forma de rayos γ para cada grupo de reacciones del ciclo. En nuestro sol, cada instante, millones de toneladas de hidrogeno se transforman en helio, con la consabida pérdida de masa transformada en energía y radiada hacia el exterior por la enorme expansión producida por las explosiones de las reacciones nucleares sobre las capas próximas. Éstas crean pequeñas explosiones en cadena mientras que se expanden hacia la superficie por radiación. La expansión de la energía, cerca de las últimas capas, se produce por sus gases, siendo lanzados al espacio exterior. Por esta reacción el Sol va perdiendo una importante masa convertida en energía. La diferencia que hay entre la reacción del hidrógeno y la del carbono es que en este último la reacción es ininterrumpida.

    Te daré la "vara" explicándotelo algo más detallado: Un núcleo de carbono atrapa un protón formando un núcleo de nitrógeno 13; éste pierde un "positrón" (ves, aquí está el electrón positivo, un importante componente en las novelescas ficciones sobre la antimateria), éste se convierte en un isótopo del carbono 13, éste captura a su vez un protón y se transforma en nitrógeno 14; captura ahora un protón transformándose en un isótopo de oxígeno 15 que al perder un positrón forma un núcleo de nitrógeno 15. Al final de este episodio, nitrógeno 15, captura un protón, formándose de nuevo un núcleo de carbono 12. Aquí, otra vez lo mismo: a empezar de nuevo. Pero en toda esta reacción se libera una enorme cantidad de energía. En consecuencia, ¿por qué te cuento esto?: quiero que veas que también se pierde una enorme cantidad de masa en energía en el espacio y que gracias a ella existimos. Bien, aparte de esta radiación de energía fruto de la desintegración de los átomos, el Sol va dejando residuos mucho más pesados y no susceptibles de entrar en reacción nuclear, por lo que éstos van cayendo al centro de Sol formando un núcleo "sólido" y sometido a tremendas presiones. Por lo que su densidad va alcanzando cotas inimaginables. Y aquí es cuando, en el caso de nuestro sol, empieza la transformación paulatina de un astro a rojo. La gran masa de gases nucleares que cubren el núcleo va disminuyendo y las explosiones, debido a su menor presión, son menos frecuentes y más cerca de su superficie, por lo que la menor densidad en sus capas hace que por las comentadas explosiones se infle como un globo y se expandan sus gases en el espacio. En este caso el Sol, ya rojo, al variar su temperatura a menor, gana volumen absorbiendo todos los planetas que están en su radio de acción *(aquí es importante un hecho que no se comenta, pero que habrá que tenerlo en cuenta, y es que la pérdida paulatina de la masa del sol pudiera conllevar a aumentar las distancias de las órbitas de los planetas que le circundan, tras muchos millones de año disipando energía = a masa).* Cuando sus reacciones nucleares no originan la energía suficiente para que sus gases puedan escapar de su núcleo expandiéndose en el espacio, éste los atrae todo violentamente hacia su interior, creando una violenta absorción, con las inmensas explosiones que tal reacción lleva consigo al quemar sus últimas reservas. Una vez quemadas estas últimas reservas, el Sol, ya incapaz de reacciones nucleares que separe las capas superiores del núcleo, se colapsa.

En estrellas mayores que nuestro sol, la tremenda presión que se origina al colapsarse todas sus capas sobre el núcleo de hierro, hace que este reaccione y entre en fusión, creándose una nova, hecho del que, en caso de nuestra estrella, una enana amarilla, no se espera que esto ocurra–. Tras quemar la última materia que pudiera existir, y ya convertido en un caliente agujero negro, al no tener ninguna energía que limite su contracción y ser tan enorme su densidad, su gravedad será dueña de todos los componentes moleculares, dejando en su alrededor un oscuro vacío de luz, que se encargará de mantener, absorbiendo todo aquello que siendo de menor densidad se le acercase (los agujeros negros fueron descubiertos por la observación de los quásares, que emiten ondas de radio en todo el espectro electromagnéticos).

Pero, Pedro, en los agujeros negros, a pesar del desconocimiento actual sobre ellos, no hay elementos para que nos haga caer en la fantasía: no se puede pasar a través de él, no hay nada al otro lado que no sea la otra parte de su superficie, no hay un mundo paralelo, ni causa alguna para un cambio en el tiempo, y sí en el tránsito de la materia, ni tampoco nada en sus cercanías que no estuviera antes. Salvo las secuencias esporádicas de la acreción de alguna materia que traspase su frontera de sucesos, y de su propia rotación alrededor del núcleo galáctico, no habría reacción alguna dentro de él, si no le llega materia que acrecentar. Ni tan siquiera la existencia del tiempo, en el supuesto caso si éste fuera una única singularidad en todo el Universo, y si al tiempo lo definimos como una secuencia de actos o eventos.

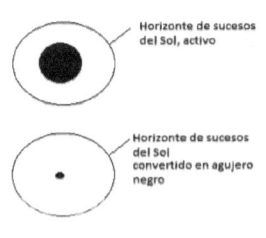

Figura 1

(F1) *Su horizonte de sucesos no variaría, salvo por la pérdida de masa en sus anteriores reacciones, y sí su densidad total en relación con su tamaño no hubiera cambiado.*

Con nuestra estrella tendríamos una variante (figura 1): toda la masa se ha reducido a ese radio de un kilómetro aumentando su densidad y el espacio vacío: Su horizonte de sucesos no variaría, salvo por la pérdida de masa en sus anteriores reacciones, y sí su densidad con relación a su tamaño no hubiera cambiado.

Entre el núcleo, la superficie y el espacio, antes lleno de hidrógeno y helio en plena actividad, ahora habría un oscuro vacío que se ha convertido en un infierno gravitatorio, donde, hasta el fotón, si entrara en su horizonte de sucesos es muy probable que no escapara, pero la distancia de su frontera sin posibilidad de escape, si antes era de 1,5 millones de kilómetros de radio, ahora, colapsada, no variaría. Si en estas últimas secuencias el Sol no hubiera absorbido a algunos de los planetas satélites de él, éstos seguirán en su negra órbita en un sistema planetario muerto y frio. Frio, salvo por aquellos planetas aún activos o que por sí mismos produjeran energía, como es el caso de Júpiter. Independientemente de lo expuesto, estoy seguro de que existen numerosos sistemas planetarios con exoplanetas con órbitas lejanas a lo que fuera una estrella y que se ha convertido en un agujero negro, pero que nunca serán visibles a ningún telescopio, ni óptico ni de espectro (salvo que se encuentre en fase de enfriamiento y pudieran emitir rayos x). Una vez quenada toda materia, sin más de ésta por incorporar, no radiarán ningún tipo de energía posible de detectar, por lo que formaría, dependiendo del volumen y densidad del astro colapsado, una zona negra en el espacio, como si fuera una inmensa masa oscura. En los alrededores próximos de estos agujeros que llenan el espacio no existe nada que dé lugar a ninguna fantástica nueva dimensión. En estos sistemas sus planetas seguirán girando alrededor de la estrella muerta y formando parte de este maravilloso e incógnito nuevo rincón del Universo con materia "negra".

Interacción de la
"singularidad", en el
espacio tiempo con
materia en su universo

Nula interacción
en el espacio tiempo,
siendo al fin una
singularidad, salvo la propia
por su masa

figura 2

De lo comentado anteriormente te he de indicar, quizá para puntualizar mejor lo ya expresado, que sí, que pudieran llegar a ser detectados visualmente. Pero no al cuerpo de estos astros, sino su situación. Por ejemplo: cuando al observar la luz de un elemento lejano que sea capaz de pasar cercano a su órbita de no retorno y ésta fuera desviada de su trayectoria, o en el momento de "incorporar" materia que entrara dentro del horizonte de sucesos con la expulsión de parte de su energía por sus polos. Pero por ahora nos conformaremos con imaginar que lo vemos "brillar" en el núcleo de algunas galaxias, que, aun siendo un oscuro y enorme agujero negro, se los ve como una gran y luminosa estrella.

En la gráfica o figura 2, arriba, se representa la interacción gravitatoria de un agujero negro en un universo en el que éste interactúa con otro objeto con masa; abajo una singularidad en un universo sin nada más que ella.

En el supuesto de que un agujero negro pudiera tener carga de polaridad positiva, si fuera que estuviera compuesta su masa de antimateria, cada elemento de materia negativa que se incorporara a ellos se destruiría, pero también y en igual cantidad la materia del agujero negro con la que interactuara, por lo que éste iría perdiendo masa. Si esta teoría se confirmara sería una contradicción a la teoría del modelo cosmológico del Big Bang. Pues si se dieran estos eventos, la singularidad no llegaría nunca a existir. La materia del Universo se habría ido anulando al mismo tiempo que la antimateria, desapareciendo ambas.

En los agujeros negros que ocupan el centro de una galaxia, muy cerca de su zona de no retorno, hay astros y gases que le orbitan a velocidades relativistas. Estos, su fricción con el campo gravitatorio del agujero negro, hacen que se cree en él un campo magnético superior al que se crea por la contra rotación del núcleo con el resto de la materia en las estrellas. Esto hace que ese campo magnético, por la acreción de la materia que entra en su frontera de sucesos, forme los chorros de plasma perpendiculares al disco de acreción. Estos campos magnéticos, creados por el roce de la materia que le orbita, consiguen que parte de la acreción de la energía de la materia absorbida salga proyectada al espacio a miles de años luz de distancia. Mediante la siguiente formula:

$$\rho \propto \frac{M}{R_s^3} \propto \frac{c^6}{G^3 M^2} \approx 6,177 \cdot 10^{17} \left(\frac{M_\odot}{M}\right)^2 \frac{g}{cm^3}$$

se ha querido demostrar que es paradójica que la densidad de un agujero supermasivo, cuando éste alcanza o supera mil millones de veces la masa solar, es menor que la densidad del agua, donde M⊙ es la masa del sol y M la masa del agujero negro supermasivo.

LOS PULSARES
Y... EL CAOS

Pedro, estimado sobrino. Sí que hay sistemas que se asemejan a los faros, se les da el nombre de púlsares. Son astros colapsados con un potente residuo nuclear y que expulsan al espacio enorme energía electromagnética. Se convierten en estrellas de neutrones, de pocas decenas de kilómetros de diámetro y gran densidad, podría decirse que son aprendices de agujeros negros. Su forma de emitirla, con su rápida rotación e intermitencia de la emisión lumínica, va desde las microondas a los rayos x. Son objetos que, efectivamente, a los ojos de un observador desde la Tierra, se asemejan a los faros que avisan a navegantes de tierra firme. Su descubrimiento se produjo en 1967, por A. Hewish y J. Bell. Derivadas de las investigaciones realizadas con el radiotelescopio de Cambridge. La edad de estos objetos estelares se mide por la velocidad de rotación que tiende a disminuir con el tiempo por la pérdida de energía que le hace rotar. Estos faros, tienen la peculiaridad de rotar con los polos magnéticos en su ecuador a más de dos centenares de veces por segundo. Como antes indicara, gracias a los radiotelescopios son detectados en la Tierra.

Me pregunto, sobrino, que estos aprendices de agujeros negros nacidos posiblemente de supernovas, ¿acaso no nos demuestran que quizás aquellos que no emiten estos pulsos, pero que les ganan en tamaño y densidad y que son centro de las galaxias, no girarán también a enorme velocidad, aunque no sean detectados como los púlsares por su intermitente emisión de ondas electromagnéticas de amplio espectro? Te preguntarás, como lo hago yo, por qué girando a tanta velocidad no se desintegra un púlsar, creo que posiblemente es de suponer que la razón es la enorme densidad de estos cuerpos celestes. El núcleo tiene sujeto a todo como si de un solo cuerpo, núcleo y superficie, se tratara. Pero a pesar de la enorme gravedad reinante, esa fuerza tan extraordinaria, como son las emisiones electromagnéticas, se escapan y son proyectadas a miles de años luz.

Ante tu pregunta sobre si gobierna el caos o el orden en el Universo...

El caos en el espacio es una definición de algo que es impredecible muy en boga en los últimos tiempos, a pesar de que es una palabra que viene del griego. Se dice que no hay orden sin caos. Cualquier pequeño e insignificante suceso puede llegar a crear un caos en el orden, por ello todo orden es susceptible de alterarse fácilmente y entrar en el caos. El orden no existiría si no hubiera traído consigo primero un caos causado por la lucha por el orden. Pero gracias a la mecánica universal predomina en más medida el orden universal. Cualquier acto o secuencia caótica en el Universo conlleva a un nuevo orden, por lo que en consecuencia el mismo caos es una forma de ordenar y armonizar un nuevo Universo, sea en su final en expansión, estático o en contracción, finito o infinito. Es por ello por lo que nunca, en ningún instante de nuestro tiempo, tenemos un mismo Universo; siempre está en la busca de un nuevo orden después de un instantáneo y constante caos. La gravitación universal es una herramienta que nos tendría que llevar al orden universal, no al caos, pero, sin embargo, la posible y constante expansión del universo, nos muestra a un Universo "descolocado", inmerso en un caos perpetuo.

Pero cualquier incidente que altere a la gravitación universal, por lo general, hace que reine durante un corto tiempo el caos en el Universo. La historia de que las alas de la mariposa moviéndose en un lugar puede hacer que un tiempo después reine un impetuoso tornado, es posible. No me creas exagerado si te aseguro que en un océano una simple e imperceptible gota de agua más que cae en su superficie, puede crear el caos en su inmenso caudal. Toda su capacidad varía con la única gota adaptándose a su nuevo e imperceptible volumen. Sin embargo, aun existiendo el caos, todo tiende a un orden a pesar de tener que pasar por un caos antes de ese orden. Uno de los ladrillos de la estructura de un tabique que soporta la viga de un edificio, a pesar de estar soportando una presión que es repartida entre los muchos que conforman la estructura, a pesar de estar en un caos constante su composición, si la masa estable total que le soporta y la que le toca soportar, es suficiente para no ser alterada o destruida por la inestabilidad introducida con la viga que soporta. Aun cuando el caos está presente, no se manifiesta. Ahora bien, si alteramos el orden en una cadena de elementos consecutivos, ésta tratará de organizarse hasta su total estabilidad: si quitamos uno a uno los ladrillos, el caos aumenta hasta que al fin cae la estructura y la viga y el caos se convierte en un caos de destrucción.

El ejemplo más patente es la misma corriente eléctrica. La velocidad de los electrones es muy lenta dentro del cable conductor a pesar de que a nuestra vista se enciende la luz de forma instantánea cuando pulsamos el interruptor. Pero tanto si introducimos en un conducto un electrón como si lo sacamos, este conductor se tornará inestable haciendo desplazar los electrones y creando una corriente en el conductor, recuperando o liberando el electrón perdido o introducido a la velocidad de la luz; el corrimiento de los electrones en un cable se origina al igual al desplazamiento de las famosas bolas de acero llamadas Newton Bob. La radiactividad es otro de los ejemplos del caos en busca del orden.

El Universo, Pedro, tiende a la búsqueda de un orden perpetuo, no admite el caos en el que por el efecto de su implo-explosión mantiene. En él la gravedad, la materia y la energía oscura, así como la fuerza centrífuga, se encargan de que todos sus elementos se sitúen en un orden en el que la materia que se mueva de su lugar, por muy grande que sean los incidentes planetarios o galácticos, se acople y tome un lugar en orden con toda la materia que lo rodea, sea separándose hasta llegar a perder el contacto uno de otros o uniéndose de nuevo en una sola singularidad.

El Universo precisa de una mayor necesidad de espacio según su materia se expande, pero... ¿Se expande? ¿Cómo será posible que se expanda si no le entra mayor cantidad de materia en su espacio de la que ya tiene? Pero parece ser que es así. La expansión de la materia deja espacios vacíos, oscuros de luz, donde la materia y energía oscura tiende a separase de la materia ordinaria, dejando más espacios negros. Pero ¿por qué se afirma que el espacio ocupado por nuestro Universo se expande? ¿Cuál es la causa?

Como ya te comenté, no creo en el principio del Universo como una sola singularidad que implo-explosionó al contraerse en un "nada" y de ahí la generación de un universo tal como lo conocemos en continua expansión. Aunque así fuera, la materia en el universo, la gravedad de éstas, tendería a frenarlo por la atracción entre ellas, pero... ¿Por qué no ocurre? Misterios como estos son los que me hacen preguntarme a menudo: ¿por qué será así?

LA TELETRANSPORTA-CIÓN.

Pedro, la ciencia ficción es un arma de dos filos. Reconozco que sin los escritos de esas mentes que preconizan mundos fantásticos, pensamientos que se pueden convertir en instrumentos que con el tiempo otros los llegan a hacer reales. Con viajes intergalácticos de naves de emisión atómica y mentes positrónicas, y un sinfín de fantasías con posibilidad de realizarse. Son ideas que sin ellas la mente no se dispararía fantaseando sobre lo que parece imposible de hacer, pero que se consiguen por científicos en un reto por realizar lo imposible. Pero cuando la fantasía llega del camino científico serio, y más inri de boca de voces serias, pero que estas voces dan rienda suelta a sus sueños sin matizar expresamente que sólo son sueños imposibles. Desgraciadamente abren en las mentes jóvenes metas de dedicación inverosímiles que dañan una vida entera de estudios. Piensan que la voz del maestro es una voz fiel y seria, y no un grito agónico de un animal que pide ayuda de fama en un desierto estéril. En física existe una propiedad de las partículas atómicas llamada enredo cuántico descubierta por Richard Feynman, descubrimiento que le valió el premio nobel. La particularidad de esta propiedad, para explicarlo de forma sencilla, es que se da en algunas ocasiones que dos partículas atómicas tienen "mente gemela" y se encuentran, al parecer, de alguna manera conectadas una a la otra; los afectos que se realizan en alguna de ellas, tal parece que afectan a la otra de forma instantánea, aunque la distancia de la "gemela" sea considerable. También al parecer se ha realizado la teletransportación de un átomo de un lado al otro sin elementos conductores por medio. Por este motivo, y por las historias de mentes de extraordinaria sensibilidad para la ciencia ficción, algunos científicos han dado por hecho que la teletransportación de la materia, hasta la de los cuerpos humanos, es posible. La física cuántica pudiera ser tan "enredosa" que hoy día aún nadie puede explicarla, sea pues que aún no se puede afirmar cómo trabaja y mucho menos el porqué de esos fenómenos. Es cierto que, si por un momento pensáramos que esto fuera extrapolable a algo orgánico de mayor tamaño, el campo que se abriría podría superar a cualquier pensamiento fantástico que se nos pudiera ocurrir, no habría una frontera en el espacio para no conseguir realizar duplicidad de acciones. Pero de momento nos limitaremos a lo que con la física que conocemos se puede hacer.

En la radiación de las ondas, la energía eléctrica, o la misma luz, la masa de la partícula emitida no es la misma que la que se ha de recibir. Si emitimos una señal de radio de la frecuencia que sea, a pesar de que fuera unidireccional, la señal de radio se dispersa y a veces excita a otras uniéndose en su camino formando un armónico. O cuando no éstas pudieran ser reflejadas consiguiendo una sombra paralela retardada, una doblez de la señal de radio que si ésta es muy distanciada pudiera ser que se recibiera duplicada con un intervalo de microsegundos. Un ejemplo de lo que comento es la doble imagen en las televisiones de señal analógica.

Si intentamos teletransportar energía, por medio de ondas o por cualquier otro conducto, o ya más imaginativo, materia orgánica, no habría de ser creando réplicas de partículas diferentes a las primigenias, ya que para hacerlo posible necesitaríamos una "reconstrucción" de lo emitido. Cualquier variación en lo que habría de reconstruirse podría convertirse en algo muy diferente a lo teletransportado. Otra cosa es que pudiéramos leer un informe biológico en el que se transmiten los datos de un ser, y con células madre del original o "fabricadas" anteriormente, "imprimiéramos" a un ser semejante al que se ha recibido. No dudo que esto sea posible en un futuro próximo tal y como avanza la bio-tecnología, pero lo que no será posible es que el "alma", si a la mente y recuerdos así la podemos llamar, se transmita con esa información a imprimir.

Pedro, mi querido sobrino. Llegará el día en que el hombre pueda guardar ordenadamente los datos del cerebro de un ser humano en una "tarjeta" (como en "Prohibido nacer", novela de ciencia ficción escrita por el autor de este libro). En estos datos también podría estar incluida toda la estructura molecular del mismo, consiguiendo mediante estos datos encarnar un ser o pasar su mente a un cerebro "blanco" y en otro lugar; en definitiva, conseguir un nuevo individuo que pudiera ser igual al que era en el momento de la grabación. Para tal hecho habría de avanzar mil veces la ciencia genética, mil veces la informática y un millón de veces el conocimiento actual de la física cuántica, y, aun así, dudo mucho de la eventualidad de teletransportar un objeto y conseguir un original, y mucho más el de un ser humano en el que cada célula es un mundo molecular. Lo demás, son cosas para científicos que quieran realizar un estudio sobre principios de algo "imposible" de aplicar con presupuestos enormes para gastar, para a ver si estando en ese camino, y por casualidad o causalidad descubren lo que no buscan, y así, como de paso, reciben el Premio Nobel.

LA FÍSICA CUÁNTICA

En los principios de su estudio, la física cuántica, amigo Pedro, se reconoció que la ciencia no sabía explicar algo tan sutil y hasta ahora misterioso, por lo que se dedicó a buscar para explicarlo un camino enredoso para compensar la incapacidad de la ciencia actual. Se suelen explicar mediante cálculos matemáticos, los cuales se les da el nombre de estados Cuánticos. Los estudios de la mecánica cuántica se desmarcan en su formalismo, para analizar este lado de la física, de la relatividad.

La ciencia de la física clásica no era capaz de explicar la emisión electromagnética ni su radiación. El físico Max Planck, dándose cuenta de tal hecho, aportó la hipótesis de los cuanta, diciendo que la luz sólo puede ser emitida en paquetes. Einstein levantó la teoría dándole verdadera importancia, exponiendo que los cuanta de Max eran reales, definiendo que la radiación electromagnética no sólo es una onda, sino que conlleva partículas (cuanta), fotones con energía y movimiento. Es por ello por lo que, a partir del conocimiento de la partícula y el estudio de ésta, a la ciencia que estudia este ramo se le llame física cuántica. En ella entran los leptones, átomos, electrones, fotones, neutrinos, etc. Es fácil, ¿verdad? Lo que no es tan fácil es explicar cómo funcionan los ingredientes que entran en dicha ciencia cuántica y la diversidad de su rama. Según el principio de incertidumbre de Heisenberg, no se puede concretar el movimiento real de una partícula, no se puede saber cuál es su velocidad real o la cantidad de movimiento. Los electrones, o las partículas como los mismos fotones se comportan como ondas. Si producimos una chispa en el espacio por colisión entre dos energías de distinto signo y suponiendo el vacío absoluto, cosa imposible, pues siempre habrá partículas subatómicas en ese vacío extremo, (salvo en las proximidades de un agujero negro en el que reinará un vacío absoluto), la energía emitida se comportará como una partícula. Por ello opino que la velocidad de estas partículas no es ni mucho menos, siempre la misma, ni el fotón se traslada siempre a la velocidad establecida de la luz. Si ésta, la luz visible, se desplaza en forma de ondas, la distancia recorrida por esta energía hay que evaluarla dependiendo del medio, de la frecuencia, la temperatura en la que se mueve y de la amplitud de la onda. Una forma de demostrar que la luz solar se desplaza en forma de onda es que la puedes polarizar filtrándola con unos cristales especiales; de esta manera dejarás pasar sólo los senos superiores o los inferiores de la luz y anularás en cada caso el resto. Al igual que se realiza con los ciclos de la corriente eléctrica alterna, que se filtra con un dispositivo electrónico de dos electrodos, cristales de silicio (diodos). Éstos sólo dejan pasar los senos correspondientes a la polaridad por la que entre y salga la corriente, por un solo cable de los dos por los que transporta la corriente tendremos, antes de filtrarla, las dos polaridades la negativa y la positiva. Cuando es positiva en el primer cable conductor, es negativa en el otro, con una secuencia de alternancia en los ciclos. En el caso europeo, de 50 c/s. Pero en un cable, una vez rectificada la onda y que por cada cable viaje media onda, cabe esa alternancia sin que haya duda del movimiento de electrones, pues aun cuando no deja de ser pulsante, cada media onda hay actividad de traslado de electrones. Pero en el caso de la luz o de las ondas generadas por una fuente emisora que viajará por el espacio, si filtramos la onda de la luz dejando sólo uno de los senos, ¿cómo es que continua el fotón su viaje si le hemos interrumpido la secuencia de su onda? Esto en la mecánica cuántica es posible con el efecto del *enredo cuántico*, pues podría darse la paradoja que la activada guardara siempre la propiedad de la que la activa.

    A Einstein le quedó pendiente el poder completar la paradoja EPR (Einstein. Podolsky y Rosen), que de ser cierto lo descubierto ahora: dos partículas gemelas puedan comunicarse sin que existan "nada" por medio (el entrelazamiento cuántico), dejarían sin argumentos a mis dudas sobre el traslado de las partículas en el espacio. Ya te advertí, Pedro, que mis respuestas y comentarios son causas de mi simple entender, por lo que no los tomes como fe de lo cierto, si no como una reflexión de tu tío. A pesar de ello sigo creyendo que las partículas tienen la mala costumbre de unirse, conectarse a otras en diferentes lugares del espacio, pero que la que se emite no es la misma que se recibe.

 La luz solar es en forma de onda, desde el mismo momento de generarse transmitiendo esa propiedad a las partículas con las que colisionan en su desplazamiento, independientemente de la trayectoria que le obliguen por la influencia de otras partículas o la gravedad de los grandes cuerpos celestes, pero variará su frecuencia y amplitud, dependiendo del medio donde se transmite y de la pérdida de energía en su desplazamiento.

UNIVERSOS PARALELOS Y OTRAS DIMENSIONES

En la calle se habla mucho sobre los mundos y universos paralelos, o de la existencia de multitud de dimensiones en las que se duplican eventos que ocurren en el nuestro.

Dimensiones físicas que nuestros ojos no perciben desde luego son incontables, pero todas bajo los mismos eventos que transcurren a la vez que nuestras percepciones. Con nuestros ojos solo vemos un rango de frecuencias que componen la luz visible; con los oídos solo escuchamos una pequeña parte de los sonidos que hacen vibrar el aire. Sin embargo, nos están bombardeando rayos gamba, rayos x, microondas (ondas electromagnéticas) y trillones de neutrinos atraviesan o chocan a cada instante con nuestro cuerpo, así como infrasonidos y ultrasonidos de todo tipo, todos ellos se mueven en una percepción de los sentidos diferentes a los nuestros, pero que pertenecen al diario transitar de nuestro mundo por el espacio interestelar y la atmósfera terrestre.

Sobrino, creo entender que tu pregunta se encamina al dicho y fantasía popular, muy cercano a la ciencia ficción, sobre que pudiera existir otro tú, en un mundo que pertenece a un universo paralelo, y que las suyas y nuestras acciones y obras pueden repercutir en las dos direcciones. No lo creo. Cada elemento, cada átomo de este universo es diferente a otro, aunque sea de esa misma unidad; lo que ocupa uno no lo ocupa otro, aunque sea de similares características. El ejemplo está en la ocupación de un electrón en el lugar de un positrón, hace que los dos se evaporen, transformándose ambos en energía. Desde hace años se viene adaptando este tema al mundo del consumo literario y de la pantalla, ante lo aceptado en la física cuántica de que cada partícula tiene su realidad. Hay multitud de libros en los que se describen mundos, universos espejos del nuestro.

La realidad es que sí que pudiera ser que nuestro universo no sea el único. Que, tras los límites del universo conocido, al igual que los sistemas planetarios, pudiera comenzar otro y tras éste otros. Cuando nos sentamos en una silla nos parece que, en virtud de nuestro tamaño, es sólida en todas las partes que la componen. Pero si pudiéramos disminuir nuestro cuerpo hasta el tamaño de la más pequeña partícula, nos adentraríamos en un mundo en el que entre nosotros y dos de los átomos de la silla se abriría distancias enormes, nos parecería que estuviéramos en su conjunto en la grandeza de un espacio sin límite. En ese mundo imaginario los neutrones y protones estarían distanciados, y los electrones orbitarían como si fueran planetas alrededor de cada átomo. Hay algo en lo que la idea de mundos o universos paralelos se asienta, y es en la existencia de que para cada partícula exista una antipartícula subatómica, en la que tienen el espín, el isoespín, el instante magnético... vamos que incluyen todo lo que la unidad de la partícula contiene. Por ejemplo, cuando hablamos del neutrino, no comentamos que para cada neutrino existe un antineutrino, su antipartícula, pero es así. El fotón también tiene su positrón (descubierto en 1932, que antes también fue predicha por Dirac en 1928, en el que sentó el precedente para comprender la existencia de la antimateria), pues cada partícula es una antipartícula por sí misma. Si por cada partícula tenemos una de signo contrario (ya es un hecho que en pruebas de laboratorio se ha podido producir antideuterio, antihidrógeno, y antihelio), cabría suponer pues que existe la anti-Tierra y el anti-Universo, por lo que cabrían en la definición que comentamos sobre los mundos paralelos. Si bien es un hecho a nivel de partícula, que han sido corroborado en los aceleradores de éstas, no es posible la existencia al nivel de luna estrella o un planeta, dado que una y otra, al encontrarse, se anularían; en definitiva, no existen en planos en los que ambas tengan un lugar común. El choque de dos partículas de diferente signo conlleva a la aniquilación de éstas convertidas en energía y radiación de luz: fotones, éstos producidos con una energía elevada.

No hay confirmación ni teoría alguna de lo que comento a continuación, pero creo que bien pudiera ocurrir este fenómeno de aniquilación de materia de diferente signo en los agujeros negros, donde la acreción de materia es eyectada por sus polos a años luz de distancia, el cual está dentro del principio de equivalencia, por la que propuso Einstein la famosa formula $E = mc2$.

La ciencia postula que las observaciones en lejanas nebulosas y galaxias, que al encontrarse éstas con otras de similares características, y en las que en estos encuentros se produce una cantidad enorme de energía lumínica, bien podrían ser de diferente signo: materia y antimateria. Esto sí que pudiera ocurrir, pero ambas no son paralelas en su existencia. Dentro de ellas y en cada cual, no existiría dos planetas espejos con seres también iguales. Por lo que la existencia de mundos paralelos y menos universos paralelos, es prácticamente imposible.

Prevalece la teoría de que en nuestro universo predomina, desde el mismo momento del Big Bang, la materia en una ligera proporción sobre la antimateria. Se estima que por cada 1.000.000.000 de partículas y antipartículas que se destruyen, resta una de materia, por lo que nuestro universo está compuesto de esa acumulación de materia restante tras la aniquilación de ambas. En definitiva, sobrino, no hay un mundo y menos otro universo en un plano temporal o diferente dimensión, en el que exista una Tierra y en ella un ser igual a ti, pero de signo contrario.

LA ASTROLOGÍA

La astrología, que no la astronomía, ese infantil y lucrativo entretenimiento para la mayoría de los que los practican, ya que siempre hay excepciones, es un tema muy bien remunerado y que cada vez tiene más adictos. El estudio de los astros por la influencia de estos en el ser humano data ya de los tiempos prehistóricos, cuando nuestros antepasados vivían aún en las cavernas. Nosotros, en este tema, parece ser que todavía no hemos evolucionado nada en absoluto. Antes, con más razón, se preocupaban de la influencia de la Luna y el Sol sobre todo por sus entonces terroríficos eclipses. Estos dos cuerpos sí que influyen y en ocasiones de forma muy acusada sobre el organismo, dándonos muestras ante variaciones psicológicas en algunos humanos ante tales eventos. Las explosiones en la superficie solar nos inundan de partículas en la atmósfera terrestre que influyen en todo el planeta. Esta energía, la que logra pasar las defensas electromagnéticas terrestres, tiene mucho que ver con los cambios, hasta de índole celular, de todos los organismos vivos que pueblan este planeta. La Luna, cuando interviene en las mareas, de alguna manera también influye en nuestros cuerpos nucleares, al igual que lo hace con los océanos. La gravedad de nuestro pequeño satélite, sobre todo cuando se alinea con el Sol, influye, casi sin darnos cuenta, en nuestro organismo y éste ha respondido a él, con el paso de los siglos de muy variada manera. En la mujer, sin ir más lejos, es una cuenta casi exacta cuando mide los ciclos lunares para saber en qué momento, desde la concepción, ha de alumbrar el nuevo ser.

Los otros planetas de nuestro Sistema Solar, si se les busca causa, también pueden influir sobre nuestro planeta y en suma sobre nuestro organismo, pero en menor medida; quizá más cuando tiene lugar alguna alineación de éstos con la Tierra y el Sol, ya que, ante este evento, la influencia de la gravedad de todos los planetas se altera algo. En la Tierra quizás tengan que ver, al igual que para la Luna, con la fluctuación orbital y posiblemente en algo la variación de su rotación alrededor del sol. En mucha menor medida, en la posible variación de la situación del eje sobre el que gira nuestro planeta en su rotación diaria, con la variación de alguna, de momento, imperceptible medida.

No he de ocultar que lo que ocurre en todo el universo, tiene en alguna medida influencia sobre el resto de la materia que los ocupa hasta que se origina un nuevo orden. Pero nuestro Sistema Solar está regido por la influencia solar en un noventa y nueve con noventa y nueve por ciento y ese cero coma uno por ciento restantes llega del resto del Universo.

Determinar que el paso de las constelaciones influye sobre nuestra vida futura es una soberana tontería, respetando naturalmente a los creyentes de esta secta a los horóscopos. La adicción a él viene de un desconocimiento muy acusado sobre el movimiento interestelar y de la situación real de los componentes que se ponen en juego. Y no olvidemos la mala influencia de esos famosos que están necesarios de fondos para seguir con sus fantasías, y de paso aplicárselas a otros a cambio de pingües beneficios. La astrología no es una ciencia, si la ciencia se determina como algo basado en estudios serios y científicos. Es algo, eso sí, que arrastra siglos de historia y, en casi todos los casos, de ignorancia. Al igual que muchas religiones se han sujetado a dogmas enigmáticos para sobrevivir, la astrología se ha subido al carro de la astronomía. Pobres astrónomos, ya que algunos, desgraciadamente, les confunden con tales fantasiosos, los cuales predican la naturaleza de los astros como manos que mueven el presente y futuro de nuestras vidas.

Desde la estrella de Belén se nos viene a intentar convencer que todos los cuerpos celestes tienen algún paradigma con los seres humanos. La misma estrella de Belén, y que erróneamente se expresa en los belenes de nuestras casas como un cometa, según San Mateo, no está muy claro que fuera una estrella errante. El espacio está lleno de meteoritos, asteroides y cometas que transitan errantes por nuestro hermoso cielo en las claras noches. Muchos de ellos pueden ser vistos durante días desplazarse por la bóveda celeste y no por ello nos han de mostrar nada. En aquellos tiempos cualquier evento que surcara por los cielos era muestra de algún tipo de augurio, no determinando si era bueno o malo, tan sólo en opinión del protagonista de turno, si le iba bien con sus intereses del momento. Con ello no quito importancia al hecho del paso de ese "cuerpo", y menos a un significado tan hermoso, de tan alta significación para los cristianos y que forma parte del nacimiento de Cristo; pero la realidad es que ya en aquellos tiempos se guardaba en escritos todos los grandes acontecimientos, y en aquella época, salvo con el paso de cometa "Halley" en el año XII antes de Cristo, no se registró ningún acontecimiento digno de tal relevante hecho.

La bóveda celeste está llena de grandes constelaciones y estrellas que las forman. Pocas de ellas, por no decir ninguna, forman grupos que puedan decir que están dentro del mismo sistema. La mayoría están tan lejanas unas de otras que a la velocidad de la luz tardaríamos miles, cientos de miles de años en llegar a ellas. Si tuviera lugar la eliminación de alguna, prácticamente no afectaría a ninguna de las que forman del conjunto de su constelación, ¿cómo entonces se puede pensar que lo afectaría a los seres de la Tierra? El paso de los planetas por ellas no es más que el dibujo bello al situarse la luminosidad del planeta de turno sobre el fondo de un maravilloso dibujo celeste, sin más efectos.

El futuro es algo que nos labramos los seres humanos en el transcurrir del día a día. Los efectos de nuestros actos son los que nos marcan en un mañana. Aun así, el futuro es algo imprevisible y si está marcado, si lo estuviera, podría modificarse.

Todos pertenecemos a un todo. Nuestro cerebro es sólo una parte ínfima de un gran cerebro que es la Naturaleza misma. Nuestros pensamientos, nuestros deseos y obras pueden hacer que se convierta cualquier cosa en algo real. La comunicación inconsciente con los demás seres es un hecho irrefutable y esa comunicación nos hace, en algunos casos, como si de una gran computadora se tratara, el analizar acontecimientos venideros. Es posible que la juventud que nos preceda en dos generaciones comience a ser educada desde su niñez para poder utilizar con plenitud su mente. De esa manera podrán lograr, desde muy jóvenes, utilizar su cerebro para conocer la forma de ordenar sus acciones, también a gobernar a su organismo para curarle sin fármacos cualquier enfermedad que afecte a la biología de nuestro cuerpo. Nuestra mente, si fuera educada desde la niñez, sabría llegar a generar cualquier componente químico necesario para poder calmar el dolor, inconscientemente ya lo hace, con la depresión y la enfermedad. Somos la culminación de la evolución, pero estamos en tránsito de mejorar mucho más, al igual que millones de seres que a buen seguro habitan en este u otro sistema planetario. Pero nadie, podrá indicar a otro su futuro económico o de salud y menos de felicidad por la fecha, la hora y el minuto de su nacimiento, y mucho menos por la influencia de "encontrarse Júpiter en la casa de Acuario".

Modela, Pedro, sobrino, un buen futuro con tus manos, con tu mente. Con la bondad de corazón para tus semejantes, y sé lo más feliz posible durante toda tu vida. Transmite eso a tus hijos en tus genes como si de la mejor herencia se tratara; si eso logras, harás de ellos los primeros iniciados para conseguir un mundo mejor. La violencia, las penas, la depresión y la incertidumbre son malas consejeras que se memorizan en tus componentes moleculares y son mala herramienta que dar a nuestros descendientes. Verás entonces que cuando leas en un diario tu horóscopo, lo único que te hará sentir es una despejada sonrisa, sin más.

LA VIDA

Pedro, me alegro ante tu pregunta sobre la vida. ¿Has podido observar cómo germina de la dura Tierra una sencilla semilla, es maravilloso, ¿verdad? Y si esa misma sensación la trasladas a lo que representa el proceso celular en tu pequeño hermano recién nacido, lo que sentimos nos ilumina el rostro como nada en el mundo. Es extraordinaria la vida y todo lo que representa. Es el cenit de la evolución en el transcurso de la creación del Universo. Pero... ¿Cómo es posible la vida? Y la inteligencia, ¿pertenece sólo al ser humano?

Cuando la Tierra no tenía más de una brizna de oxígeno en su atmósfera, insuficiente para la vida celular basada en el carbono, en las lagunas ardientes de sulfuros, de sales minerales, y con una atmósfera con tan densos gases tóxicos que terminarían con cualquier sistema celular de los que hoy conocemos, la vida se fue abriendo camino lenta, pero de una manera permanente sin pausa, gracias al calor, la energía eléctrica procedente de las tormentas y al tan abundante caldo primigenio, o quizás a una contaminación estelar procedente de meteoritos. Al no existir suficiente oxígeno en cantidad libre en la atmósfera, la oxidación fue muy lenta, así que estos caldos de cultivo primigenio que contenían gran cantidad de minerales, como el hierro y el uranio entre ellos, fueron larga cuna de las primeras moléculas, los primeros aminoácidos. Luego la "inteligencia atómica" hizo su juego y aparecieron, miles de años después, las primeras células procarióticas, caracterizadas por carecer de núcleo visible. Dos mil millones de años después aparecen, hace aproximadamente setecientos millones de años, los primeros organismos multicelulares, los extremófilos. Para ello fue necesaria la evolución de las bacterias verde azuladas –las cianobacterias–, que dieron a la atmósfera el oxígeno suficiente para la evolución de las células eucarióticas. Después de ello la evolución ha realizado maravillas hasta lo que hoy es la naturaleza viva con todas las especies que habitan en el planeta Tierra.

Pero nos hemos dejado lo más importante en el camino, ¿quién ha diseñado esta evolución? ¿Qué ha podido ocurrir para conseguir dar con los primeros ingredientes para la vida? ¿Qué programador ha introducido o ha conseguido ordenar una cadena tan exquisita en detalles para la supervivencia de todas las especies? Podríamos decir, es lo más fácil, que los primeros aminoácidos, componentes de la actividad celular, fueron espontáneos y que las pruebas de laboratorio sobre probetas ensayando los estados de los caldos primigenios y arcos eléctricos, han dado con la creación de dichos aminoácidos: [Friedrich Wöhler, el famoso químico alemán (1800–1882)]. Todavía en el siglo pasado se tenía como imprescindible la mano Divina del Creador, dado que la creencia hasta entonces, según el argumento vitalista, era que los seres vivos pudieran no estar formados solamente de moléculas orgánicas. Estos descubrimientos del químico alemán con sus estudios sobre la síntesis del compuesto orgánico urea, con material inorgánico, abrieron nuevos horizontes. Desde entonces, y durante este siglo, los químicos emplearon tubos de ensayo para así sintetizar moléculas orgánicas complejas, dejando nuevas vías científicas de la creación de los seres orgánicos. Pero en estos ensayos han formado parte estructuras nucleares, átomos, partículas elementales como los fotones en la luz, energía eléctrica y estática, con proyección de electrones –las descargas de rayos en las tormentas– en suma: energía. Esta energía se deja trabajar y espera su ocasión para iniciar en cualquier momento una nueva combinación molecular que, de origen a algo más complejo, en algo más "inteligente". Una vez llegado a este punto, lento, pero inexorable, su trabajo, su meta, es llegar a reproducirse por ella misma;

pero eso era difícil y lento. El estado de la atmósfera en aquellos "primeros días" les daba la ventaja de no oxidarse rápidamente, gracias a la escasa abundancia de oxígeno, muriendo de forma más lenta y acumulándose en los fondos de los océanos, ríos y lagos. Así pudieron ampliar su cadena de composición hasta romper por fin la barrera de la creación por espontaneidad y lograr duplicarse. A partir de ese momento fueron algo material con movimiento a un estado complejo de unidades de energía. Sus estructuras atómicas formaron complejas estructuras químicas capaces de duplicarse y pudieron absorber más fácilmente aquello que les era más consecuente para aumentar su afianzamiento sobre ese ambiente tan propicio y a la vez tan hostil. Pero saltemos un momento al ADN., luego volvemos. Sus cadenas de información, con la absorción de elementos químicos proteínicos, se fueron ampliando con sus errores y aciertos, eliminando aquello que les impedía el paso adelante y aprovechando todo lo que les hacía aumentar sus cualidades estructurales haciéndose diversos en sus funciones. De ahí la cadena de información empleada para la reproducción y tránsito en sus vidas: el ADN. En esta cadena no está tan sólo la información del nuevo ser, en ella están la historia de una evolución a partir de tan sólo un átomo de hidrógeno. Está también la basura que aún compone la cadena y los errores aún sin resolver, pero también están los resueltos, aquellos que son los imprescindibles para componer un ser. El ADN. nos dice hasta qué fecha está predestinada para el principio de la decrepitud y no por que necesiten acabar con el ser que forman, sino porque necesitan nuevas secuencias en las que el error que ese ser porte sea "arreglado". Sin la muerte y nacimiento de nuevos seres con la herencia depurada del ser anterior, no habría habido evolución. Creo, Pedro, que el ADN no es tan sólo una secuencia de información bioquímica, es un contenido de núcleos atómicos con la suficiente inteligencia como para estar dispuestos a llegar a una meta ignorada por nosotros, los seres humanos. El hombre, la mujer, son seres que gracias a su inteligencia prestada colaboran con los medios que contienen alargando su vida más de lo que están programados. Su conocimiento de sí mismos remedian, después de procrear, la caída súbita de sus funciones vitales con remedios químicos que amortiguan la desidia y abandono a la que están programados a partir de entonces. Nuestros huéspedes recogen nota de nuestros deseos, generación tras generación, alargando nuestro cenit, alargando, en suma, nuestra vida. Si no fuera así en el hombre, al igual que les ocurre a los salmones, para nuestros huéspedes no les serviríamos para nada a partir de que procreáramos. Si esto fuera así, y no lo hiciera más, no podrían pasar la información adquirida a partir de ese momento a nadie, y lo memorizado en nuestras cadenas de ADN. se habría de pudrir en la Tierra. En el núcleo de nuestras células cabe tanta información que hasta nuestras experiencias sensoriales pudiera ser que estuvieran en ellas. Lo importante es que al procrear el nuevo ser, éste no sea el mismo que el que lo crea y lo supere. Para nuestro gran futuro como especie es bueno que nos den una nueva meta y unas nuevas experiencias. Desde el primer ser multicelular, por la unión de todos los genes que engrosaban la cadena de ADN que les eran útiles para ello, su aprendizaje fue veloz y certero. Evolucionaron en infinidad de seres que lograron poblar y expandirse por este planeta, cada cual tiene su función en la cadena evolutiva. El hombre es sólo una secuencia más de esa evolución, pero quizás sea un ser casual producido por la intromisión de algunos virus que han dejado huella en su ADN con genes que en principio fueron introducidos por ellos, que como polinizadores van dejando huella de un ser a otro. De lo recogido nuestro controlador genético escoge lo que de valor encuentra y se lo transmitieron a la nueva generación dando como resultado al primer homo sapiens. El hombre no es el centro del Universo. Seguro que hay otros mundos habitados de seres casuales e inteligentes, en mundos que han podido dar otro tipo de especies nada parecidas al hombre, pero igual o más inteligentes. Cada uno de estos seres con su organismo adaptado al medio que lo rodea, hasta respirando quizás otros tipos de gases, nocivos para los seres de este planeta. Hay mucha energía en el espacio y muchos mundos en que iniciar nuevas secuencias. La forma que adopte la masa celular no importa. Lo importante es que a partir de la misma energía surge un complejo camino que llevará a componer un ser autónomo formado por infinidad de vidas apiñadas para alcanzar un todavía negado ser perfecto.

Has pensado, Pedro, quién es el inteligente: ¿tú, o quizás son los millones de partículas que tienes? Durante toda tu vida lo único que haces es, de alguna manera, sustentar a los organismos que contienes. Ellos marcan tu vida, ellos deciden todos tus actos. Están tan convencidos de su creación que te han dado la libertad sublime del pensamiento y de la decisión autónoma. Pero... ¿del todo? No, ni tan siquiera un poco, comes porque te producen la sensación de necesitar alimento. Nuestros actos, nuestros pensamientos, están supeditados a una programación minuciosa y sutil. Son tan "inteligentes" que han logrado del hombre como portador su colaboración para acelerar su evolución. La evolución, Pedro, mi amigo y joven sobrino, nos llevará a un fin que quizás sea un poco el principio, la energía. Déjame fantasear con lo que sigue: Si el hombre con su libre albedrio no termina consigo mismo, quizás logrará dejar los hábitos materiales, llevándole su abandonada evolución a ser un ser de energía en un elevado porcentaje de su estructura. Quizás entonces sus ambiciones terrenales serán meras nimiedades sin valor alguno. Su alimentación pudiera ser la misma energía universal y el espacio su casa. Las fronteras sólo se marcarán por su propia decisión de estar allí donde piense. Y ¿por qué? Porqué ya lo somos en parte y desde la composición de la primera partícula que conforma la primera célula. Somos, como decía una excelente amiga, "polvo de estrellas", descendientes del más abundante: el hidrógeno. Desde ahí ha sido una escalera térmica hasta el carbono. Si Dios existe, seguro que no necesita cuerpo, ese Dios es algo que está predominante en todo ser vivo como parte de cada átomo del que está compuesto el Universo.

LA MUERTE PLANETARIA Y HUMANA

Hay más soles apagados que estrellas en actividad

Pedro, la muerte no es un trauma insuperable. El ser humano, al igual que cualquier forma de vida, pasa por periodos de dificultad en su supervivencia, siempre hay una espada de Damocles en forma de virus o bacterias que bien pudiera terminar con su mundo, tal y como se conoce actualmente. Lo que es un trauma es la desesperanza que causa el no saber morir con dignidad. Me han educado con la idea de que el acto de morir es horrible, y me ha costado mucho superarlo. Las escenas que siempre nos presentan y que hacen alegoría a la muerte, están siempre rodeadas de caras de espanto y dolor. Y, Pedro, como decía, sí que me está costando el comprender que la muerte no es más que algo inevitable que ha de llegar en cualquier momento inesperado de la vida. Que hoy en día la muerte forma parte de ella, porque de momento es un tándem inseparable: el nacer y el fenecer. En todo el Universo la materia tiende a desaparecer como tal, convirtiéndose en algo diferente, en algo compacto fuera de lo imaginable. La mayoría de los planetas no han sido creados en un principio tal como los conocemos. Las mismas estrellas, antes de serlo, sólo han sido gases compuestos en su mayoría de hidrógeno. Nuestro Sol, esa maravillosa estrella por la que se nos permite vivir en este planeta, y hasta nuestra misma Tierra son quizás hijos de otra gran estrella que murió como Nova después de haber dado luz y calor durante miles de millones de años. Pudiera ser que todo para que se pudiera crear esta estrella que desde hace aproximadamente cinco mil millones de años, nos ilumina, y así como la mayoría de los planetas de nuestro Sistema Solar. Esa súper nova desaparecida, esa gran estrella, que quizá hiciera morir con ella planetas con vida al igual que la nuestra, o de similares características que vivieron por miles de millones de años, murió para que este Sol, con nuestro planeta, pudiera vivir, pudiera existir.

La vida, no ya la orgánica, si no la misma vida estelar, es un eterno nacer y morir de cuerpos estelares en busca de una perfección, en busca de un orden. Desde la gran expansión, sin entrar si la causa fue debida a una implosión y expansión de una singularidad o una colisión de orden universal, la situación de la materia, la situación de los átomos, han pasado por infinidad de composiciones y combinaciones hasta llegar a formar la materia de la que están compuestas las estrellas, los planetas, y dentro de ellos la vida y la composición orgánica. Para ello han tenido que morir y han renacido con nuevas y renovadas energías todo tipo de elementos químicos y materiales hasta llegar a lo que hoy es el Universo tal como lo conocemos. Recuerda, Pedro, las variantes atómicas por la que pasan los átomos en el Sol, e imagina que todo ello es pequeño para lo que se ha necesitado hasta llegar a lo que somos. Han muerto soles que se han transformado en gases y en todo tipo de minerales que se han transformado a su vez en nuevas estrellas y planetas y en enormes cuerpos neutros de absorbente gravedad. Han renacido en su rededor formaciones gaseosas y sistemas. Enormes aglomeraciones que han llevado a lo que es nuestro sistema planetario, y muchos más para al fin nacer una galaxia. Éstas han muerto absorbidas por otras para formar una nueva y más grande y en suma estas mismas son llevadas a un final que será la formación de otro transitorio orden universal. La vida, al igual que la muerte, es necesaria, es inevitable para lograr una renovación, un avance en nuestro desarrollo genético. Suponte que fuéramos eternos, que nuestra vida no llegara nunca a un fin y que los nacimientos fueran prohibidos ante la superpoblación que a ello nos llevaría, ¿cómo evolucionaríamos? Nuestro cuerpo, ya con la extensa duración de su vida, es lento en la renovación de sus genes y necesita una media de treinta años para aprender a llevar la información a nuestros herederos. Las bacterias y virus son mucho más veloces y mutan rápidos, en ocasiones, por ejemplo, la de la temida gripe, que lo hace anualmente, y en ocasiones dos veces en ese tiempo y eso que son lentas. Los virus, las bacterias y microbios que nos hacen padecer todo tipo de enfermedades tan sólo serían abatidos por la ayuda de elementos químicos y vacunas que mantendríamos en uso por vida. No daríamos la opción de renacer con nuevas defensas para esos infectos seres. Todo nuestro conocimiento genético se iría almacenando en una memoria sin opción de que se transmitiese ni se utilizase por nadie. Aquello por lo que la naturaleza ha luchado para lograr de nosotros los seres más elevados, se frenaría sin remedio. En suma, a ser dioses en comparación con las generaciones pasadas. El hombre se quedaría como un ser perpetuo, sí, pero de carne y hueso en decrepitud eterna. Seríamos un paisaje en un cuadro sin opción de cambio; la muerte conlleva la renovación de la especie, nuestros hijos o nietos ocuparán nuestro lugar. En el Universo es igual, Pedro, el Universo es un perpetuo renacer de nuevas y renovadas maravillas. Es una creación tan bella, que, si alguien alguna vez tuvo la opción, el poder de poner un dedo para iniciar la vida, no habría más remedio que llamarle Dios.

LA VIDA EXTRATERRESTRE.

La duda sobre la posibilidad de vida extraterrestre fuera de nuestro sistema solar sólo cabe en mentes retrogradas y sin seso. Son mentes que todavía están en épocas pasadas y no han superado la abolición de la "Santa Inquisición", con el cese de la caza de brujas. Son seres que estarían aún dispuestos a quemar muchos Galileos que se les pusieran por delante. Se escudan en lo que llaman "principio antrópico" y colocan al ser humano en el centro del Universo. Ya exponía en páginas anteriores que el Sol no es el centro del Universo, ni la Tierra es paradigma de la única vida. La vida de la Tierra por sí misma puede haberse iniciado gracias a influencias químicas exteriores a nuestro espacio, o a la siembra de elementos orgánicos traídos de otros planetas desaparecidos; o de cometas que se han estrellado contra la Tierra, por lo que se daría la paradoja de que seríamos directamente descendientes de ese componente extraterrestre.

La vida es algo innato de la misma materia espacial. El átomo, las moléculas, buscan incansables la forma de superarse en algo más compacto, superior y evolucionado. La Tierra, quizás, sea por sí misma una entidad viva; un amplio complejo de elementos vivos que forman un todo, que es Gaia.

Otra cosa es que afirmemos la llegada y la existencia de seres ya evolucionados de otras estrellas, de otros exoplanetas en el nuestro. Todo podría ser posible, pero hoy por hoy, ante los conocimientos de la raza humana sobre la física, el espacio y el tiempo, teniendo en cuenta sus posibilidades de longevidad, es imposible, a menos, claro está, que esa llegada proviniera de nuestro sistema solar, y eso sí es posible.

La velocidad de la luz, ni viajar cerca de ella, es mi parecer, que es imposible para cualquier elemento que supere el tamaño del fotón, esa minúscula partícula sin masa aparente, y mucho menos para máquinas que puedan albergar en su interior a seres vivos, las partículas libres en el espacio serían como proyectiles.

Nada que contenga una masa que ocuparan seres vivos puede viajar a una velocidad cercana a ella. Las partículas menores, los mismos átomos de hidrógeno, que son los más abundantes en el frío espacio exterior, serían un muro imposible de atravesar. Aún con pantallas electromagnéticas protectoras que desviara los proyectiles, cualquier elemento con masa que osara intentar alcanzar velocidades de esa índole sería destruido. Es por ello por lo que las distancias tratadas en astronomía como años–luz, trayecto realizado por la luz en un año, más o menos 9.454.254.955.488 kilómetros, esa velocidad sólo sería un sueño en el cálculo de velocidades astronómicas. Todo aquello que se determina año–luz, en la realidad futurista, es la máxima velocidad que sería posible viajar. Pero la realidad es que la velocidad posible no sería de más de siete años por año–luz y eso dando por hecho, que poseeríamos cohetes movidos por energía nuclear, alcanzando, según sus pensadores, la velocidad de más de cuarenta y dos mil kilómetros por segundo. Bien, ante esa triste realidad, la llegada de seres inteligentes de otros planetas habitados de sistemas planetarios fuera de nuestro Sistema Solar es de muy dudosa confirmación. Y más teniendo en cuenta que las estrellas más cercanas están (estrellas, ya que Alpha Centauri de la constelación de Centauro se compone de tres estrellas, A, B y C; A y B que giran alrededor una de la otra en una rotación que les lleva ochenta años, y Alpha Centauri C, que lo hace en rededor de sus compañeras empleando en ello casi un millón de años, y está, ésta última, a 4,3 año–luz de distancia– a 40.653.296.308.598,4 kilómetros-luz, y es por ello que se la llama Próxima Centauri por ser, como decíamos antes, la estrella más próxima a nuestro planeta, aparte de nuestro Sol.

Dado que nuestro Sol y nuestro planeta pueden ser hijos de otra estrella mucho mayor y más antigua, teniendo en cuenta también que la longevidad de nuestro Universo se le cataloga en unos 14.000 millones de años; y que nuestro Sol tiene aproximadamente 5.000 millones de años, nosotros, los humanos, podríamos ser de reciente nacimiento, no más de 400.000 años. Supongamos que existe, en Próxima Centauri, una tecnología que pudiera viajar a 42.000 km./s. y que además se hubiera dirigido hacia nosotros. A la velocidad antes expuesta tendría que recorrer 40.653.296.308.598,4 kilómetros–luz; tardaría aproximadamente 302 años en llegar y 302 más en regresar, eso sin contar el tiempo añadido en acelerar y decelerar de tan tremendas velocidades. Es claro que si la posibilidad de duración de sus vidas es semejante a la nuestra, dejando aparte la teoría de los gemelos, y suponiendo que salieran con una edad media de 25 años, llegarían con 327 años (si fuera posible), no teniendo posibilidad de retorno. Es por ello por lo que si algún cercano tataranieto del extraterrestre que hubiera emprendido semejante aventura no tendría más remedio que convivir con los terrestres el resto de sus vidas. Dicho en otras palabras, si nos hubieran visitado no habrían tenido más remedio que entablar contactos sociales con nosotros. Y a menos que todos los gobiernos del planeta estuvieran de acuerdo para acallarlo, cosa casi improbable, no se conoce tal hecho. Los medios de comunicación, con su merecido derecho de ilimitada libertad de difusión, en ocasiones nos hacen creer al público posibilidades imposibles. Si realmente se hubiera establecido un contacto serio y documentado, con el poder de difusión actual y gracias a la libertad de expresión de los medios, ya se habría conocido por diarios y revistas especializadas sobre ciencia, astronomía, ciencias sociales, políticas, humanas y un largo etcétera de ciencias que cabe en tan controvertido evento. Es notorio en estos primeros días del año 1998, ver que los medios de comunicación hacen temblar a cualquier institución, por alta que sea, que se salga, como dicen los castizos de mi tierra, del tiesto legal marcado por unos pocos.

No hemos tenido en cuenta el factor más importante: los organismos vivos no siempre han de estar basados en el carbono, al igual que lo son casi todos los seres en este planeta. Puede darse el hecho que estén basados en la sílice o en cualquier desconocido patrón que la naturaleza de ese planeta tenga a bien generar. Imagínense que en Titán (Titania), uno de los satélites de Urano, en el que su atmósfera es de metano, hubiera seres vivos. Respirarían un gas que en la Tierra se produce por los desechos biológicos de los seres vivos, pero totalmente nocivo para nosotros. Con esa atmósfera de metano, con la temperatura reinante como para que se formen nubes y lluvia de este gas, ¿se pueden imaginar a sus moradores si estos existieran? Desde luego en nada parecidos a los que habitamos en la Tierra. Sin embargo, pudiera haber vida en ese satélite como la hubo, y aún se encuentran en lugares terrestres, en la Tierra, con los extremófilos o las cianobacterias que absorbían el cianuro produciendo oxígeno. En los fondos marinos existen fumarolas de bocas abiertas al manto terrestre, en ellos se alcanza altas temperaturas, en algunos casos hasta fuera de los límites que pueden existir para nuestro conocimiento de la vida terrestre; pues bien, en ellas se han encontrado familias de microorganismos. Pero eso no es todo, nuestra ciencia está basada en la comunicación por medio de componentes electrónicos; se nos escapa la posibilidad de otra comunicación, pero son muchas posibles. Se imaginan ustedes a seres que no hablen, que sus ojos estén acostumbrados a ver fuera del espectro visible que nos es tan familiar a nosotros; que su comunicación sea telepáticamente o por medios oscilatorios diferentes al cristal por nosotros conocido o que sus frecuencias sean parecidas en comunicación a las ballenas. O más simple: que ellos a pesar de ser inteligentes, mucho más quizá que nosotros, hayan empleado su inteligencia para ser felices en el planeta que viven, hacerse en él por siempre el ideal para su supervivencia y que sus sueños estén lejos de la radio, televisión o de viajes espaciales.

No sólo tienen que darse las mismas características sociales, químicas y de inteligencia, para ser igual que las nuestras. Se deben de dar, también, aun cuando influyen lo mínimo, la causalidad social y biológica, y hasta nuestros apetitos de poder y conquista, sobreviviendo a otros seres que bien pudieran haber sido ellos los que poblaran este planeta. Sin todos los requisitos biológicos y de la situación de la Tierra en el espacio, ellos, el tomar el camino para conocernos, a pesar de que pudieran tener miles de años de avance sobre nosotros, pudiera ser que nunca se iniciara.

Las comunicaciones que esperamos recibir, que sean igual a las nuestras, es un claro ejemplo de que el ser humano sigue creyéndose el ser central del Universo. Que todas las civilizaciones, al igual que en su tiempo lo fue el continente americano para el europeo, se doblegará ante él y que tendrá sus mismos egoísmos y ambiciones. ¿Cómo es posible que sólo pensemos en tan simples equivalencias? Hay tantas y tan importantes que hace que sea casi imposible que además de las enormes distancias superemos otras barreras.

Los OVNIS son objetos reales y que existen en nuestro espacio aéreo terrestre, sus diferentes aspectos también son reales; sus efectos sobre la luz, al igual que sus movimientos, son fuera de lo común. Esa sí es una realidad. Pero también hay otra realidad: el noventa y nueve con noventa y nueve por ciento son explicables dado que su indefinida y errónea observación ha podido ser causa del observador al confundirlas con globos meteorológicos, estrellas, aviones, o efectos ópticos creados por grupos de moléculas ionizada o, por los meteoros y el Sol. El otro, el 0,1 por ciento restante, son simples hechos que el hombre no es capaz de explicar actualmente, pero a bien seguro que algún día, cuando avancemos más en el conocimiento de la física terrestre, nos lo mostraran como la cosa más simple, y entonces comprenderemos de una vez que OVNI quiere decir "objetos volantes no identificados" y en ellos cabe hasta una boina vascuence tirada al aire, y que usted no sepa, no aprecie o no defina qué es, pero ni mucho menos será lo que creemos que es un "platillo volante".

Lo que no se puede ni tan siquiera dudar, es que existen sistemas planetarios, millones de ellos, que albergan exoplanetas con seres vivos y seres inteligentes. Nos acostumbramos a ser seres que catalogamos la inteligencia si los comprendemos, si tienen semejanza y parecido lenguaje, o si sus acciones son parecidas a las nuestras. Todo aquello que es diferente pertenece a una especie que puede ser tratada como algo para la cadena alimenticia, o al servicio de nuestra disposición.

Qué triste es ver que muchos de los seres que nos acompañan en este planeta, por el simple hecho de que no los comprendemos, porque no usan herramientas, porque no usan habitáculos como los nuestros, pensamos que son seres sin inteligencia. También los degradamos porque los catalogamos por su cerebro, por su tamaño en comparativa con su cuerpo. Si meditáramos un poco comprenderíamos que es todo lo contrario: somos tan poco inteligentes que no podemos comprender su lenguaje. Porque sí, sí que los tienen, y no una, muchas especies; hasta las urracas son capaces de hablar y de usar herramientas. No llegamos a comprender que muchos seres marinos, inteligentes en su forma, no precisan de herramientas ni habitáculos. Disfrutan de los mares y océanos como lo que es: "su casa". ¿Por qué van a necesitar herramientas si su cuerpo es tan evolucionado que no las precisa para nada que lo conlleve a mejorar su vida?

Estimado sobrino, si no llegamos a comprender ni tan siquiera a nuestros compañeros de viaje en este planeta, ¿cómo queremos entablar contacto con seres que ni sabemos cómo se comunican, ni qué estatus social disfrutan ni cual es el que predomina en su pueblo, ciudad o planeta?

Sería curioso que ocurriera lo que, en libros, o en muchas películas de ficción nos da una idea, esas que nos llega a nuestros hogares a través las pantallas de nuestros cines: nos visitan unos extraterrestres, de resultas son más inteligentes que nosotros, y curiosamente nuestra fisiología está dentro de lo que puede ser su alimento. Dado que no nos podemos comunicar con ellos, pues no tienen lenguaje mediante sonidos, son telépatas se comunican entre sus propias mentes, nos sacrifican mediante golpes en el cráneo o con la parada cardiaca mediate electrodos y nos utilizan y nos obligan a procrear para usarnos como carne a la brasa. ¿Qué los diferenciaría de nosotros con nuestra actuación con las ballenas, elefantes o delfines? Y, sin embargo, nos creemos con posibilidad de poder "asociarnos" con entidades, con culturas que suponemos encontraremos iguales o superiores a nosotros. La vida es una realidad en los planetas de nuestro propio sistema solar, pronto lo comprobarán al encontrar en ellos los aminoácidos, bacterias y posibles virus, de las mismas o parecidas cepas que se encuentran en la Tierra.

Lo que sí es un hecho, es que hay alguien ahí fuera, que no estamos solos, ni tan siquiera en nuestro sistema solar. Si nos estuvieran visitando, podrían ser semejantes a nosotros y estar entre nosotros, o ser de muy diferentes fisonomías. Si fuera lo primero es seguro que sería de conocimiento de las altas esferas. Si es lo segundo, guardarán su tiempo para que podamos asimilarlo. Es evidente que el descubrir una civilización externa a nuestro planeta, cambiaría nuestra sociedad y movería los cimientos de nuestra cultura. Ese es el verdadero problema: ¿estamos preparados para tan trascendental evento?

EL SER HUMANO Y DIOS

¿Somos únicos en nuestra especie?: Pudiera ser. ¿Seres creados por un ser superior?: También es posible. ¿Nos diferenciamos de los robots a los que queremos dar inteligencia, o de aquellos resultados que en el laboratorio se consiguen al intentar crear vida sintética?: Más de lo que podemos pensar. ¿O quizás seamos producto de una inteligencia oculta que raya en lo imposible en nuestras mentes, como pudiera ser el bosón de Higgs o partícula de Higgs, llamada también la partícula de Dios?: lo veremos a continuación...

Darwin no se equivocaba al afirmar que somos un producto de la evolución de diferentes especies. La vida en la Tierra no es causa o casualidad de un solo hecho. Son tantos los factores biológicos que una cadena de ADN guarda, es tanta la información que se escribe en nuestros genes, y tantas combinaciones proteínicas en ellos, que, si quisiéramos construirlas desde cero con todos sus factores en su diseño, no tendría tiempo suficiente con una vida humana en la Tierra, en su existencia para que pudiéramos crearla, actualmente, en el siglo XX. Y eso en el caso que viviéramos lo suficiente. La programación del ADN es de tanta complejidad, que para crearse desde un "caldo de cultivo", con partículas aparentemente sin inteligencia alguna, se necesita algo más que una casualidad o una "chispa eléctrica", aplicada a un compuesto químico. ¿De dónde viene ese principio, esa célula que de pronto comienza a dividirse producto de una programación en su interior, y que es capaz de darnos, a través de miles de años, la vida e inteligencia? Si el hombre pudiera dar vida a un ser sintético con millardos de transistores en su mente artificial y lo consiguiera con millones de IF... (logaritmos), muchas voces serían las que se alzarían a decir que jugamos a ser dios o que lo somos, y en todo caso, de conseguirlo, ¿no lo seriamos para ese ser sintético?

No tendrán en cuenta que antes de crear a ese ser sintético, y para poder hacerlo, primero ha tenido que crearse al hombre, por lo que la creación de esa inteligencia artificial sería un subproducto de aquello o de ese alguien que creó al ser humano. La razón me dice que somos una creación de un algo que aún existe y que esa esencia forma parte de todo el Universo, por lo que efectivamente se le pudiera llamar dios. Pero nada que ver con lo que creemos en las diferentes religiones lo que es Dios. Pero lo curioso, que me explicaré más delante, ese dios que hablo está, forma parte de todos nosotros y no muere con nosotros, se transforma. No, no me he vuelto loco, es un pensamiento, una filosofía sobre el largo meditar sobre mi ser a lo largo de mi vida. De ninguna manera, sobrino, nadie está obligado a creerlo, pero es un camino de los muchos que nos muestran las religiones actuales, para poder dilucidar una pregunta: ¿de dónde venimos?

Estamos convencidos que cada unidad humana es un ser independiente, un ser que biológicamente ha evolucionado a través de miles de trasmutaciones genéticas. Es posible, más que posible, real, que hay algo más abajo del gen y de la proteína, una base que quizás sea la que nos gobierna y nos hace evolucionar según las necesidades del hábitat que nos rodea. La ciencia de la física moderna y del espacio-tiempo cuántico, está llegando a descubrir el principio de la partícula que al parecer completa el todo de la energía. No es nuevo decir que todo lo que nos rodea, y nosotros mismos, estamos compuestos de partículas subatómicas, átomos, electrones, proteínas, genes, células primigenias, y en su final bacterias y células llamadas madre, que tienen en su cadena toda la información para poder crear, no sólo cualquier órgano, sino un clon de un ser humano o animal, con, pudiera ser, recuerdos importantes de sus antecesores. Pero la base de todo está en esas partículas que se distribuyen y se complementan de manera que formen cualquier compuesto químico o biológico que se precise para formar ese órgano o ese ser.

El ser humano no es consciente que, al igual que cualquier programa informático, toda la información que se mueve en el sistema nervioso eléctrico de su organismo a una velocidad cercana a la velocidad de la luz. Solo está limitado por la demora de las reacciones químicas en su transformación a señales eléctricas u órdenes de nuestras extremidades sensitivas a las neuronas en nuestro cerebro, o a la inversa: de neurona a miembros u órganos. Todo se realiza sin ser actor de tales hechos. Tampoco es consciente que cuando dormimos nuestro cerebro archiva de forma automática en cada zona de nuestra mente aquello que le ha llegado durante la vigilia a través de la vista, olfato, tacto, oído y gusto, así como también su pensamiento creativo, desechando aquello que interpreta de baja importancia a una "papelera", que en menor medida también está activa, y que mientras realiza este trabajo nos deja inmersos en un sueño profundo. ¿Quién programa eso?, ¿quién es capaz de meter en algo que solo es visible a través de un potente microscopio tanta información? ¿Toda la información de cada célula de nuestro cuerpo y cómo ha de trabajar cada una de ellas? Esa información, a la fecha, no hay ordenador que pueda albergarla. Toda esa información está guardada, como genes, o más abajo de ese nivel. creo que viene de más abajo, allá donde predominan las partículas que lo componen. De otra forma sería imposible almacenar tantos datos en algo como la punta de un alfiler. Dicho lo anterior, ¿todo ello se ha realizado por una espontánea casualidad? Que hasta han programado cómo se ha de generar otro ser, otro duplicado, con semejantes características, ¿Es posible que haya memorizado toda la nueva información de la evolución del ser al que ha pertenecido? Y, ¿cómo llamar a esa inteligencia, eso si fuera posible su existencia? El ser humano a todo lo que desconoce, lo que ignora, que no tiene explicación para su existencia, lo llama dios.

¿Podrá entonces ser posible que la inteligencia que obra ese milagro de la creación, en el que entran todos los seres vivos, esté en esas partículas que no somos capaces de descubrir cómo se organizan para poseer tanta información en tan pequeña "memoria orgánica"? Pronto podrá ser posible que algún científico descubra que, hasta parte de esas experiencias, de esa memoria que guarda nuestras neuronas durante su vida, se encuentran en parte de esa cadena del ADN.

ALGO DE LA TEORÍA GENERAL DE LA RELATIVIDAD

$$hv = hv_o + \frac{1}{2}mv^2$$

Ecuación del efecto fotoeléctrico
por el que Einstein recibió el premio nobel

Sobrino, cuando se habla de la teoría de la relatividad de Einstein, muchos entienden que se refiere a que todo es relativo, nunca más lejos de la verdad, en lo referente a lo "relativo". Einstein establece que, en ciertos elementos, ciertas nociones que tenemos como absolutas, son relativas. Por ejemplo, las referentes a la distancia o el intervalo temporal, pues dependen del observador, por lo que establece como absolutas, invariables e independientes del observador, entre ellos, la velocidad de la luz y los intervalos espaciotemporales.

Einstein aportó las bases de su teoría especial de la relatividad, a la que se la conoce como relatividad restringida y fue a principios de siglo XX, en 1905, cuando trabajaba como examinador en una oficina de patentes, y a la edad de 26 años, fue entonces cuando construyó sus postulados.

La física ordinaria, la newtoniana, concluye que las variantes de la gravedad, digamos por ejemplo que de pronto desaparece los efectos gravitatorios de la luna, dichos efectos sobre la Tierra serían instantáneos y de infinito alcance, por lo que esté efecto se originaría a mayor velocidad que la luz. Einstein no estaba de acuerdo, por lo que, según la relatividad especial, que dice que nada se mueve a mayor velocidad que la luz (en el vacío), los brazos gravitatorios no serían en tiempo cero, cualquier evento de cambios de la gravedad entre dos masas llevan un tiempo que se podría calcular (el raro efecto de Mercurio en su rotación alrededor del sol). La velocidad de la luz, según Einstein, es constante en el vacío independientemente de la potencia de la fuente emisora: igual a c = (2,997925 ± 0,000003)·108 m/s. Sin embargo, sobrino, la frecuencia se alarga con la distancia, dependiendo esta pérdida de frecuencia precisamente de la potencia de la fuente que la emite, pero sin variar su velocidad a pesar de que la fuente esté o el observador estén en movimiento. Hendrik Antoon Lorentz (1853-1928) con las transformaciones de Lorentz solucionó las contradicciones de Galileo en relación con los postulados de la relatividad especial. Estas fórmulas, transformaciones de Lorentz (sólo como información añadida),

$$x = \frac{x^t + vt^t}{\sqrt{1 - \frac{v^2}{c^2}}} \quad y = y^t \quad z = z^t \quad t = t^t$$

$$t = \frac{t + \frac{v^2}{c^2}}{\sqrt{1 - \frac{v^2}{c^2}}}$$

llevan al resultado de la dilatación temporal, contracción de longitudes o la relatividad de la simultaneidad. Si se toma como partida estas transformaciones, se llega a cómo son las medidas de tiempo y distancias observadas por espectadores agrupados a sistemas de referencias inerciales distintos. Sobre las diferencias de tiempo transcurrido entre dos sujetos, uno que parte a velocidad x y otro que queda en la Tierra, ya lo hemos comentado en páginas anteriores.

La relatividad general nos dice que la atracción gravitatoria es una consecuencia de la curvatura del espacio tiempo. Por lo que la densidad de las masas determinaría como se curva el espacio y como cualquier masa se movería en él.

En otras partes del libro también comento como idea propia que, si en el espacio sólo hubiera una sola densidad, una singularidad sin materia alguna que acrecentar, no existiría alteración en un espacio "vacío". Tampoco eventos donde se pudiera medir el tiempo como una dimensión más, salvo por la interacción de sus propios componentes que forman su cuerpo. Sea pues que el espacio-tiempo solo se alteraría si hubiera materia, de la densidad que fuere, partícula o astro, independiente de la singularidad.

Si bien el efecto de la gravedad tiene que ver con la densidad de los cuerpos que se atraen y la distancia entre ellos. El efecto de tiro entre los cuerpos equivaldría al efecto de una onda de pastor, una vez que es librado de su base que la sujeta, sale instantáneamente despedido. La tierra, en la órbita con el Sol, no avanza siempre a la misma velocidad, cuando se acerca al perihelio (lugar de la órbita del planeta en la que se halla más cercana al sol) acelera su velocidad, la atracción del sol lo sujeta y esa acción gravitatoria y la fuerza centrífuga hace que el planeta salga despedido, hasta que baja su velocidad y describe una curva en el afelio, en la que vuelve a tener la gravedad del sol más fuerza que la centrifuga y empieza a "caer" el planeta hacia el astro, para empezar de nuevo. Si en cualquiera de esta órbita, el Sol dejara de actuar su gravedad sobre la Tierra, este saldría despedido de forma instantánea al espacio, quizás, hasta salir del sistema solar.

Ya la órbita de la Tierra irá ampliándose al tiempo que el sol pierde masa con su actividad. Galileo (1564-1642), estableció el estudio de la relatividad galileana, sobre el estudio de la dinámica y la cinemática, que las leyes de la física son iguales en todos los sistemas de referencia en inercia. Einstein incluyó esto de los experimentos de Galileo, a los que añadió los experimentos referentes a los ópticos y a los electromagnéticos.

Einstein con su famosa formula $E = mc2$, nos hizo ver la

gran energía que la materia, por muy simple que sea, contiene. Pero en ningún momento sus investigaciones fueron pensadas para terminar en lo que, posteriormente, los estudios del físico estadounidense, Robert Oppenheimer (1904-1967), culminaron: la bomba atómica. También llevaron a sistemas de generación eléctrica, a través de la masa en energía calorífica aplicada a un intercambiador de calor que convierte el agua en vapor y éste mueve turbinas, y éstas a generadores eléctricos; pues las centrales nucleares se basan en el principio de la fisión nuclear y de la gran energía que generan las partículas resultantes, tal como postuló Einstein.

También, en 1979 se pudo comprobar el efecto de lente gravitatoria, al poderse ver una imagen duplicada de un cuásar al paso de su luz por la cercanía de una galaxia.

EL AGUA

No hay nada en los planetas de nuestro universo que sea tan importante para la vida basada en el carbono, como lo es el agua. En nuestro planeta todos los seres vivos, hasta el más nimio microbio, precisa del agua para subsistir. El agua es un elemento que se encuentra libre en el espacio, formando o no parte de elementos rocosos o gaseosos. Cualquier planeta que haya tenido actividad tectónica ha producido, en mayor o menor medida vapores, que, disgregados por la atmosfera del planeta, han terminado condensándose en esos tres átomos, H_2 y O, unidos por un enlace covalente, en definitiva, agua.

Se dice que nuestro planeta, en sus principios, era tan ardiente que sería imposible que pudiera haber agua. Que ésta se evaporaría y "desaparecería" irremediablemente de la atmosfera. Pienso que, sin embargo, fue un elemento imprescindible para que las capas superiores de su superficie se fueran enfriando por las lluvias que se provocarían por su condensación.

No es de descartar la posibilidad de que parte de ella fuera traída por los cometas que chocaran con nuestro planeta, sin embargo, es muy posible que la mayor parte naciera de sus mismas entrañas.

Nuestro planeta, su superficie en el setenta por ciento, está cubierto de agua, sin embargo, no es el mayor contenido, es su parte rocosa la que forma la mayor parte de nuestro planeta. Por ello los océanos de nuestro planeta forman un delicado ecosistema, que fácilmente pudiera desaparecer convirtiéndose en vapor o hielo. Si fuera el caso dejarían grandes superficies vacías de tan necesario elemento, y que tan preciso es para la vida humana, animal y vegetal.

La actividad humana está originando unos cambios en el clima que bien pudiera llevar a un aumento de la temperatura, y por ende a una masiva evaporación de los mares y océanos. Si bien es algo que periódicamente se ha originado de forma natural, cada diez mil años o más, desde hace un siglo la humanidad ha generado gases de invernadero que, dado los eventos atmosféricos y la elevación rápida de la temperatura, pronostican un mal augurio planetario. La actividad tectónica, el fuego del interior de nuestro planeta, hace que se mantengan los océanos en la superficie. La actividad magmática hace que, aquella agua que se filtra entre sus fisuras se evapore y, mediante el ciclo del agua: evaporación, condensación y lluvia, vuelva a formar parte de mares y océanos. La desaparición de dicha actividad, como ha ocurrido en Marte, haría que la gravedad llevara el preciado líquido de nuestros mares a reductos subterráneos, formando bolsas de agua abajo de la superficie, o también fuera despedida al espacio, dejando ésta ajada de agua. Sin el agua no habría vida, al menos tal y como la conocemos, el agua es una parte muy importante de nuestra composición biológica. El cuerpo humano lo compone casi un sesenta y cinco por ciento de agua; la sangre, con los pulmones, contienen el noventa de su composición, y si sacáramos el agua del cerebro solo nos quedaría el treinta por ciento de él. Todos los seres que pueblan la Tierra están compuestos en una gran parte de agua. El Universo es una fuente inagotable de agua. En los planetas que carecen de agua líquida, pero fueron poseedores de ella, las rocas, escondidas en sus poros interiores, contienen moléculas de este preciado líquido. Calentando estas rocas hasta el punto de fusión, podremos sacar vapor de agua que, mediante condensación, la podremos pasar al estado líquido. Esto es muy importante para la carrera espacial, dado que, sin tener la opción de tener reservas de agua, la conquista del espacio sería imposible.

No hay planeta, satélite o asteroide de tamaño suficiente

para ser cuna de impactos, que no haya sido causa de la visita de meteoritos o cometas, que en su composición posiblemente tuvieran agua. Siendo niño me preguntaba cómo se originaba la lluvia, tardé en conocerlo, pues las explicaciones de los profesores eran demasiado tibias, decían: "el sol calienta la superficie de los océanos evaporando el agua, se forman nubes y estas provocan la lluvia". Mas tarde comprendí que había algo más, que con solo las nubes jamás podría originarse una gota con peso suficiente para caer al suelo. Los secos y áridos desiertos ayudan a distribuir la lluvia por todo el planeta, así como, es curioso, lo hace parte de la contaminación que producen los automóviles y las fábricas. A menudo nos hemos sorprendido al ver cómo nuestras terrazas amanecían, tras una tormenta, llenas de restos de barro. La explicación es muy sencilla: el polvo de algún simún de algún desierto lejano llenó nuestra atmosfera. La humedad de ésta se adhirió por condensación al polvo, éste de diferente temperatura que el vapor de agua, y que fue formando una gota hasta ser más pesado que el aire, y entonces cae, se produce la lluvia. Gracias a ese polvo a esa impureza se produjo la gota de lluvia. Debido a la gran temperatura de la superficie, en la atmósfera primitiva se generaban grandes cantidades de vapores y gases, conteniendo poco oxígeno y mucho hidrógeno, siendo estos dos últimos los que contienen las moléculas que producen el agua, pero... ¿cómo pasaban a ser $H2O$?: durante las tormentas, la naturaleza viva se encargaba y aún se encarga de ello. Si introducimos en una probeta hidrógeno y oxígeno y provocamos una chispa, parte del hidrógeno y el oxígeno explosionarán y se fusionarán produciendo agua. Es por tanto deducir que las descargas eléctricas en forma de rayos durante las tormentas bien sean en las nubes producidas por evaporación en los mares o dentro de las nubes de ceniza en los volcanes, los que enlazaban a estos átomos, O y $H2$ en $H2O$, agua. Los relámpagos se producen por la fricción de las sales de diferentes gases con los demás componentes, éstos se cargan de electricidad en diferentes polaridades y del encuentro se produce el rayo. Es muy importante este meteoro pues gracias a él surgió parte de lo necesario para la vida. La tierra no es un planeta de agua, es un planeta en el que el agua cubre un setenta por ciento de su superficie rocosa, pero éste agua pende de un hilo. Una variante en la temperatura, un aumento de los gases de invernadero descontrolado pudiera convertir la Tierra en lo que es actualmente Venus, su planeta gemelo. Venus, un planeta con nubes de ácido sulfúrico, con una atmosfera de los NOx y CO2, en su mayoría, y algo de vapor de agua. Venus es, con IO, satélite de Júpiter que, por su fricción gravitatoria, son el infierno del sistema solar. Su superficie supera los cuatrocientos grados centígrados de temperatura. Nadie, actualmente, puede decir por qué se encuentra en esa situación ahora, cuando los cosmólogos apuntan a que hace millones de años era un planeta muy parecido a la Tierra, Quizás con mares de agua que por alguna razón se evaporaron. Venus tiene un núcleo al igual que la Tierra, la diferencia con nuestro planeta es que este núcleo está prácticamente parado, por lo que no gira como el terrestre, y no produce el campo magnético, que en el nuestro existe y nos protege del viento solar. Un día venusiano, un giro sobre su eje, tarda en producirse cerca de lo que la Tierra da la vuelta alrededor del sol. Quizás eso haya sido la causa de que desapareciera el agua en el segundo planeta de nuestro sistema solar. Lo ocurrido en Venus nos debería hacer pensar en ¿qué es lo estamos haciendo con nuestro hogar?, un hogar que alberga a cerca de siete mil millones de seres, y que si no lo remediamos podría terminar con la vida. No, "no se terminaría el mundo", el planeta seguiría su rumbo por otros cinco mil millones de años hasta que fuera devorado por nuestra, para entonces, estrella "roja", pero sí que se terminaría para la humanidad. Los automóviles son parte de la contaminación de los gases de invernadero. En ese campo parece que las naciones se han puesto de acuerdo para dejar de utilizarlos como devoradores de combustibles fósiles. Quizás pronto veamos como los automóviles, mientras caminan, utilicen celdas de combustible que, mediante catalizadores basados en el iridio, consumiendo éstos hidrógeno y oxígeno, produzcan electricidad aplicada al motor eléctrico de los autos y que su desecho sea ese elemento tan querido: agua.

Sin embargo, no veo posibilidad técnica parecida que se apliquen a los motores de los aviones. Éstos son los mayores causantes de la contaminación de efecto invernadero, contaminación de CO_2 y N_2O_x, monóxidos de nitrógeno, y O_3, que se sitúan sobre la tropósfera, quizás la que haga mayor daño. La contaminación a ras de tierra que causan los automóviles, parte de ella desaparece tras la lluvia y termina en los mares, y son dañinas para la salud de los animales mientras se mantiene en las ciudades. Sin embargo, la que se forma sobre la tropósfera se mantiene, deja pasar los rayos del sol, y sin embargo no deja escapar el calor al espacio, por lo que va elevándose la temperatura terrestre, con las consecuencias que ello conlleva.

LIBROS DE ESTE AUTOR

Recuerdos De Un Náufrago

Un vecino de Galícia, ante las deudas contraídas por intentar sanar a su hijo, se ve obligado a enrolarse en la tripulación de un pesquero. Ya en alta mar el barco naufraga. Él queda como único superviviente al conseguir subirse en bote. Sin agua ni comida alguna intenta sobrevivir. Pasan los días y las llagas infectadas que fueron infligidas por el sol mientras dormía, le hacen prever un fatal desenlace. Su mente viaja a recuerdos, escenas de momentos vividos en su ciudad con su familia y vecinos. Cuando le llega el momento de fallecer...

Lucifer, Mi Maestro

Una fantástica historia en el que la directora de un museo realiza una exposición sobre Lucifer. En el transcurso de los preparativos de dicha exposición, Laura, como directora, estudia una gran cantidad de documentación que se remonta hasta los principios de los tiempos. Ante tales conocimientos comprueba que en los escritos al diablo se le describe de forma muy diferente a como las religiones se lo han hecho ver. Laura es madre de un joven al que todos le creen algo retrasado mental. Al término del primer día de la exposición vuelve a casa con un libro que le han regalado sobre el ángel caído. Llueve mucho. Desea llegar a casa para hablar con su hijo e informarle sobre el éxito de la exposición y entregarle el libro "El libro blanco de Lucifer". Inesperadamente sufre un accidente y fallece en él. Ya durante el accidente comienzan a suceder sucesos extraordinarios e inexplicables. Tras la llegada de Luce,

el nuevo profesor que se ha de encargar de la tarea de educación de Santiago, nombre del joven hijo de la difunta Laura, los sucesos inexplicables se suceden, de tal guisa, que hacen que el padre piense en internarle. La sorpresa deja atónitos a todos cuando...

Pensamientos

Un libro que crea emociones, sentimientos generados por la lectura de líneas de verso que narran el día a día en pareja con nuestro compañero o compañera. El autor, además de los poemas, narra en diferentes artículos sobre lo cotidiano en nuestra vida. Una lectura que no te dejará indiferente.

La Génesis De Marte

Esta novela tiene como base la historia de dos seres que son diseñados genéticamente. Para crearlos, con la manipulación de embriones humanos en el que se han incorporado en la cadena del ARN de genes vegetales y de varios animales, se han mezclado los avances genéticos combinado con lo último de la biónica. Marte es un planeta inhóspito en el que, el escaso oxígeno y la baja presión atmosférica, hace imposible que los seres humanos habiten en su superficie si no es con protección de trajes especiales. Para poder crear una colonia en el cuarto planeta del sistema solar, se precisaría de robots que realizaran la difícil tarea de ubicar unas instalaciones de supervivencia a largo plazo que pudieran acoger a seres humanos. Marticia y Jalandro son dos creaciones de carácter humano, con una inteligencia artificial que acoge en su sistema el cenit de los avances a nivel mundial sobre ese campo.

Crimen En La Cabaña

Tras muchos años sin verse, se reúnen una asociación de amigos, organizando una fiesta en casa de uno de ellos. Al día siguiente, Diego, como investigador privado, recibe a uno de ellos que le comunica la muerte, por presunto homicidio, de uno de los partici-

pantes en al reunión del día anterior y le encarga que investigue su muerte. Diego ha de enfrentarse al teniente encargado del caso, un antiguo amigo y compañero, de cuando Diego estaba en el cuerpo de policía. El teniente ha detenido a la mujer de amigo asesinado como autora de su muerte. Diego no está convencido e inicia la investigación del caso.

Esta narrativa se basa en hechos reales en lo que concierne a los actores de la historia, un grupo de amigos que forman una asociación denominada "La Cabaña", para los que se ha realizado esta historia con momentos de sus vida cuando adolescentes, y que se mezcla con esta historia de la investigación de un crimen. El final, con el descubrimiento del asesino, a pesar que se dan señales de su autor, es un reto para el lector.

El Árbol Fantasma

Francisco es un joven químico que tras terminar la carrera, para conseguir un trabajo, se ve obligado a viajar a la selva Venezolana con su mujer y su hijo. Su trabajo es como capataz, sus operarios preparan el camino para que se construya una autopista. Los trabajadores, dada la desaparición misteriosa de taladores, son difíciles de encontrar. En el camino de dicha construcción, se ha encontrado una zona de rocas con las que las máquinas se ven frenadas, y hasta averiadas al intentar demolerlas. Es sábado, fin de semana. El jefe de Francisco le ordena que, en plena noche, se desplace al lugar para explosionarlas con dinamita. Francisco no advierte que la dinamita exuda nitro: está defectuosa. Este error ocasiona la muerte de Francisco en el lugar de la selva donde trabajan. No se encuentra parte de su cuerpo. Semanas después comienzan a ocurrir sucesos extraños.

Prohibido Nacer

Tras una confrontación sin precedentes en la historia del ser humano, la población se reduce a menos de 500.000 personas que se ven obligadas a vivir bajo Tierra. Tras cientos de años la ciencia

progresa de tal modo que llegan a conseguir la vida más allá de los cuatrocientos años, por lo que la población en ese tiempo alcanza cuotas prohibitivas para el planeta que le cobija. Se ha consolidado una sociedad democrática con un solo consejo principal, el cual se ve obligado a prohibir los nuevos nacimientos a menos que alguien se sacrifique ante nuevo ser.. Dos grandes científicos trabajan en un nuevo proyecto que en manos de alguien sin escrúpulos pudiera esclavizar a todo el habitante de la Tierra...

Viento En Las Venas

Novela basada en hechos reales.
Viento en las venas es una novela que narra la vida de una mujer violada por su padre y posteriormente maltratada por su marido. Una historia cruda narrada en primera persona por María José que no deja indiferente a nadie.
En la primavera de su vida le diagnostican una enfermedad con un desenlace fatal. Desde ese momento intenta superar el calvario de su hogar, pero su marido la presiona mucho más hasta llegar al límite de lo que un ser humano puede soportar.
El miedo de María José pierde fuerza volviéndose en una lucha feroz cuando le dicen que su hija corre el peligro de caer en la misma desgracia que ella en su juventud.

Luce Y Cristóbal Y Los Seres De La Noche

"Luce y Cristóbal y los seres de la noche" es una historia de dos jóvenes nacidos
por la concepción de sus madres en un monasterio, embarazo producido por dos arcángeles: uno celeste y otro del averno, pero algo ocurre el día en que se produce el embarazo de sus madres, tanto el enviado del cielo como el del infierno desconocen haber cometido un nefasto error, cuando lo descubren ya es demasiado tarde.
Estos jóvenes nacen con una gran responsabilidad: al cumplir los dieciséis años

habrán de luchar a muerte. Ambos poseen unos extraordinarios poderes que van descubriendo según pasan los años. Madre e hijos se ven obligados a vivir en el monasterio, donde pueden estar en total libertad, salvo el huir de él. Mientras estos jóvenes crecen, las hermanas del monasterio se ven sorprendidas por fenómenos extraordinarios que les alteran su normal convivencia.

Sembrando Vientos

Diego es un policía que vuelve de realizar un trabajo de escolta del actual presidente en el País Vasco. Llegando a la capital de Madrid le comunican que se ha de presentar en un centro educativo donde se ha cometido un crimen. Dado su reciente trabajo puede pasarlo a otro compañero, pero el nombre del internado le hace recordar momentos cruciales de su infancia y acepta el trabajo. Cuando entra en la sala de calderas, donde se encuentra el cadáver, se encuentra con una desagradable sorpresa: el muerto resulta ser un auxiliar que fue causa de haber padecido una precaria época de adolescente en ese mismo internado.

www.ingramcontent.com/pod-product-compliance
Lightning Source LLC
Chambersburg PA
CBHW021435210526
45463CB00002B/520